# PHYSIK

# PHYSIK

Josef Schreiner

Anschauliche Quantenmechanik

**Verlag Moritz Diesterweg**
**Otto Salle Verlag**
Frankfurt am Main · Berlin · München

**Verlag Sauerländer**
Aarau · Frankfurt am Main

CIP-Kurztitelaufnahme der Deutschen Bibliothek

**Schreiner, Josef**
Anschauliche Quantenmechanik.
– 1. Aufl. –
(Studienbücher Physik)
ISBN 3-425-05140-7 (Diesterweg)
ISBN 3-7941-1605-4 (Sauerländer)




**Verfasser:**
Dr. Josef Schreiner, Wien

Bestellnummern:
Diesterweg · Salle
5140
Sauerländer AG
0801605



ISBN 3-425-05140-7 (Diesterweg)
ISBN 3-7941-1605-4 (Sauerländer)

1. Auflage 1978

© 1978 Verlag Moritz Diesterweg · Otto Salle Verlag, Frankfurt am Main, und Verlag Sauerländer AG, Aarau

Alle Rechte vorbehalten. Die Vervielfältigung auch einzelner Teile, Texte oder Bilder — mit Ausnahme der in §§ 53, 54 UrhG ausdrücklich genannten Sonderfälle — gestattet das Urheberrecht nur dann, wenn sie mit dem Verlag vorher vereinbart wurde.

Zeichnungen: Gottfried Wustmann, Mötzingen
Photos: Verfasser, sofern in den Legenden keine andere Quelle angegeben

Gesamtherstellung: Zechnersche Buchdruckerei, Speyer

# VORWORT

Die Erkenntnis, daß alle Materie aus kleinsten Teilchen aufgebaut ist, war sicher eine der fruchtbarsten in der Geschichte der Naturwissenschaften. Durch die im Jahre 1900 von Max Planck begründete Quantentheorie des Lichtes wurde auch der elektromagnetischen Strahlung eine solche Teilchenstruktur zugeordnet. Die klassische Physik geriet dabei in außerordentliche Schwierigkeiten: Die Newtonsche Mechanik hatte sich bei der Beschreibung von Körpern extrem verschiedener Masse bewährt. Man konnte aber mit ihr weder das Verhalten der Lichtteilchen (also die Beugung des Lichtes) noch den Aufbau des einfachsten Atoms verstehen. Der Glaube, daß man das Verhalten dieser kleinsten Teilchen mit den an Teilchen viel größerer Masse gewonnenen Gesetzen beschreiben kann, erwies sich als Irrtum.
Die um 1925 begründete Quantenmechanik ist die Mechanik dieser kleinsten Teilchen. So wie die spezielle Relativitätstheorie eine Erweiterung der Newtonschen Mechanik für den Bereich sehr hoher Geschwindigkeiten ist, so ist die Quantenmechanik eine Verallgemeinerung für den Bereich extrem kleiner Teilchenmassen. Da alle Materie aus solchen kleinsten Teilchen besteht, können wir den Aufbau und die Eigenschaften der Atome, der Moleküle und der makroskopischen Körper bis hinauf zu verschiedenen Entwicklungsstadien der Sterne nur mit Hilfe der Quantenmechanik verstehen. Sie ist daher eine der wesentlichen Grundlagen für ein zeitgemäßes Naturverständnis.
Zu lange wurde die Auffassung vertreten, daß man Quantenmechanik nur mit einem beträchtlichen Aufwand an Mathematik betreiben kann. Wir haben allmählich gelernt, wie man diese Theorie in einfachen Modellen verständlich machen kann. Eine solche anschauliche Darstellung der Grundideen der Quantenmechanik ist das Ziel dieses Buches. Die Verwendung mathematischer Hilfsmittel wurde weitgehend reduziert. Auf eine sehr reichhaltige Bildausstattung wurde besonders geachtet.
Die Fülle von naturwissenschaftlichen Einzelerkenntnissen ist heute kaum übersehbar und wächst sehr schnell an. Die Grundlage unserer Naturbeschreibung bilden aber ganz wenige Theorien. In ihnen wird eine Fülle von Beobachtungen auf wenige Grundtatsachen zurückgeführt und so die ungeheure Vielfalt der Naturerscheinungen in ihrem Zusammenhang verständlich und überschaubar gemacht. Erst diese Theorien ergeben ein naturwissenschaftliches Weltbild. Ihnen sollte daher sowohl im Rahmen der Allgemeinbildung wie auch innerhalb des naturwissenschaftlichen Fachstudiums besonderes Augenmerk geschenkt werden. Exemplarischer Unterricht sollte bedeuten, daß wir uns mit diesen Theorien auseinandersetzen und ihre Tragweite an geeigneten Beispielen demonstrieren.

# INHALTSVERZEICHNIS

Vorwort . . . . . . . . . . . . . . . . . . . . . . . . V

Wichtige Zahlenwerte . . . . . . . . . . . . . . . . 1

**1 Das Wellenmodell des Lichtes** . . . . . . . . . . . 1

**2 Das Auflösungsvermögen optischer Instrumente** . . . . . . . 8

**3 Das Korpuskelmodell des Lichtes** . . . . . . . . . 15
3.1 Der photoelektrische Effekt . . . . . . . . . . 15
3.2 Der Comptoneffekt . . . . . . . . . . . . . 20
3.3 Der Welle-Teilchen-Dualismus . . . . . . . . . 25

**4 Die Heisenbergsche Unschärferelation** . . . . . . . 27
4.1 Der Standpunkt der klassischen Mechanik . . . . . 27
4.2 Die Heisenbergsche Unschärferelation . . . . . . 29
4.3 Beispiele zur Unschärferelation . . . . . . . . . 32

**5 Grundgedanken der Quantenmechanik** . . . . . . . 39
5.1 Die Welleneigenschaften von Teilchen . . . . . . 39
5.2 Die Wahrscheinlichkeitsdichte . . . . . . . . . 41

**6 Beispiele zur Quantenmechanik** . . . . . . . . . . 48
6.1 Freie Teilchen . . . . . . . . . . . . . . . . 48
6.2 Strukturuntersuchung durch Teilchenbeschuß . . . 52
6.3 Das Elektronenmikroskop . . . . . . . . . . . 55
6.4 Gebundene Teilchen . . . . . . . . . . . . . 59
6.5 Quantenmechanik und klassische Mechanik . . . . 65
6.6 Das Teilchen in der Schachtel . . . . . . . . . 71

**7 Das Wasserstoffatom** . . . . . . . . . . . . . . 74
7.1 Das Energieniveauschema des Wasserstoffatoms . . . 74
7.2 Das quantenmechanische Atommodell . . . . . . 78
7.3 Das Ausschließungsprinzip . . . . . . . . . . 90

# 8 Chemische Bindung ... **96**

- 8.1 Die Ionenbindung ... 96
- 8.2 Die kovalente Bindung (Atombindung) ... 99
- 8.3 Das Wassermolekül ... 107
- 8.4 Das Superpositionsprinzip ... 109
- 8.5 Hybridorbitale ... 111

# 9 Festkörper ... **116**

- 9.1 Gekoppelte Schwingungen als Modell ... 116
- 9.2 Kristallbau, Bändermodell ... 121
- 9.3 Halbleiter ... 125
- 9.4 Das Verhalten von Elektronen im Kristall ... 128
- 9.5 Die metallische Bindung ... 135
- 9.6 Das Elektronengas ... 139
- 9.7 Gasentartung ... 143
- 9.8 Sternentartung ... 147

# 10 Der Tunneleffekt ... **151**

# 11 Rückblick ... **159**

# 12 Anhang: Lösungshilfe zu den Aufgaben ... **162**

**Namen- und Sachverzeichnis** ... **167**

# Wichtige Zahlenwerte

| | | |
|---|---|---|
| $c$ | $= 2{,}997\,93 \cdot 10^8\,\text{ms}^{-1}$ | Vakuumlichtgeschwindigkeit |
| $h$ | $= 6{,}626\,2 \cdot 10^{-34}\,\text{Js}$ | Plancksches Wirkungsquantum |
| $\hbar$ | $= \dfrac{h}{2\pi} = 1{,}054\,6 \cdot 10^{-34}\,\text{Js}$ | $h^2 = 4{,}390\,6 \cdot 10^{-67}\,\text{J}^2\text{s}^2$ |
| $\varepsilon_0$ | $= 8{,}854\,2 \cdot 10^{-12}\,\text{AsV}^{-1}\text{m}^{-1}$ | elektrische Feldkonstante |
| $\mu_0$ | $= 1{,}256\,6 \cdot 10^{-6}\,\text{VsA}^{-1}\text{m}^{-1}$ | magnetische Feldkonstante |
| $L$ | $= 6{,}022 \cdot 10^{26}\,\text{kmol}^{-1}$ | Avogadrokonstante |
| $k$ | $= 1{,}380\,6 \cdot 10^{-23}\,\text{JK}^{-1}$ | Boltzmannkonstante |
| $m_e$ | $= 9{,}109\,6 \cdot 10^{-31}\,\text{kg} =$ | Ruhemasse des Elektrons |
| | $= 5{,}485\,9 \cdot 10^{-4}\,\text{u}$ | |
| $m_p$ | $= 1{,}672\,6 \cdot 10^{-27}\,\text{kg} =$ | Ruhemasse des Protons |
| | $= 1{,}007\,277\,\text{u}$ | |
| $m_n$ | $= 1{,}674\,9 \cdot 10^{-27}\,\text{kg} =$ | Ruhemasse des Neutrons |
| | $= 1{,}008\,665\,\text{u}$ | |
| $e$ | $= 1{,}602\,2 \cdot 10^{-19}\,\text{As}$ | elektrische Elementarladung |
| $1\,\text{J}$ | $= 6{,}2415 \cdot 10^{18}\,\text{eV}$ | |
| $1\,\text{eV}$ | $= 1{,}602\,2 \cdot 10^{-19}\,\text{J}$ | |

# 1 Das Wellenmodell des Lichtes

Licht breitet sich aus, es kann also von einem Ort zu einem anderen gelangen. Das können Teilchen ebenso wie Wellen. Im Rahmen der klassischen Physik war es aber völlig undenkbar, daß Licht sowohl Welleneigenschaften als auch Teilcheneigenschaften haben könnte. Man mußte daher überzeugt sein, daß die Frage

**Ist Licht ein Wellenvorgang oder eine Korpuskelstrahlung?**

eindeutig zugunsten eines Modells entscheidbar ist, weil das Wellenmodell und das Korpuskelmodell einander ausschließen. Diese Entscheidung glaubte man auf Grund jener Eigenschaften treffen zu können, die jeden Wellenvorgang von einer Teilchenstrahlung in ganz charakteristischer Weise unterscheiden:

Abb. 1/1 zeigt die Ausbreitung zweier in entgegengesetzter Richtung laufender Störungen (Wellenberge) in einem elastischen Seil. Die beiden Wellenzüge (Wellenpakete) stören einander in ihrer Ausbreitung nicht.

Jedes von ihnen läuft nach der gegenseitigen Durchdringung unbeeinflußt weiter. Wo die Wellenzüge gleichzeitig wirksam werden, wird ein Teilchen des Seiles (des Wellenmediums) durch beide Wellenzüge ausgelenkt, es kommt zur **Interferenz** (Überlagerung) der Wellen. Wo

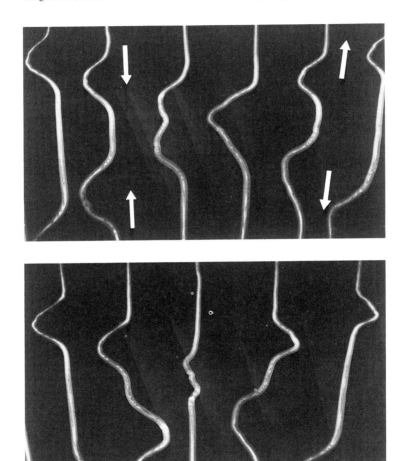

Abb. 1/1: Konstruktive Interferenz *(oben)* und destruktive Interferenz *(unten)* von Wellen in einer Schraubenfeder. Das Seil wurde mit einem Stroboskopblitzgerät beleuchtet und die Kamera während der Aufnahme geschwenkt. Die zeitliche Abfolge der Bilder verläuft von links nach rechts.

ein Wellenberg mit einem Wellenberg interferiert, erfolgt verstärkte Auslenkung **(konstruktive Interferenz,** Abb. 1/1, oben); wo ein Wellenberg mit einem Wellental interferiert, kann es zur Auslöschung der Wellenbewegung kommen, wenn die beiden Amplituden gegengleich sind **(destruktive Interferenz,** Abb. 1/1, unten). Ungeachtet dieser Auslöschung laufen die beiden Wellenzüge unbeeinflußt weiter.

Wellen können einander ohne gegenseitige Störung durchdringen. Sie können konstruktiv und destruktiv interferieren.

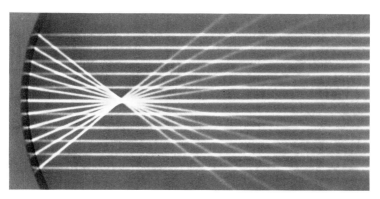

Abb. 1/2: Die Lichtbündel durchdringen einander im Brennpunkt des Hohlspiegels ohne gegenseitige Störung, also ohne daß dort Licht zerstreut wird.

Abb. 1/2 zeigt einander durchdringende Lichtbündel. Es ist eine alltägliche Erfahrung, daß solche Lichtbündel einander ebenso unbeeinflußt durchdringen, wie wir es bei Wellen gesehen haben. Von klassischen Teilchen (also von Teilchen, die sich wie die aus dem Alltag bekannten Teilchen verhalten) erwarten wir ein ganz anderes Verhalten: Es wird zwischen ihnen zu Zusammenstößen kommen, sie werden einander teilweise aus der Bahn werfen. Wären die Lichtbündel eine Strahlung klassischer Teilchen, so müßten sie einander beeinflussen. Dieses Verhalten des Lichtes spricht daher für das Wellenmodell, es kann also mit dem Wellenmodell zwanglos verstanden werden. Es schließt aber das Teilchenmodell n i c h t aus: Sollte z. B. Licht eine Strahlung von Teilchen sein, die miteinander nicht merklich in Wechselwirkung treten, so wäre eine störungsfreie Durchdringung von Lichtbündeln möglich. Ausgeschlossen wird nur, daß Licht eine Strahlung von Teilchen ist, die das aus dem Alltag vertraute Verhalten von Teilchen zeigen.

*1 Das Wellenmodell des Lichtes*

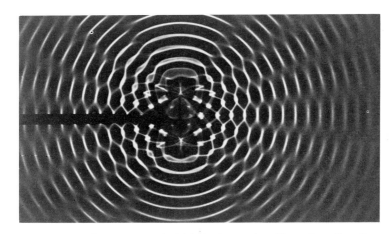

Abb. 1/3: Interferenz von zwei gleichphasig erregten Elementarwellen. Das Bild zeigt deutlich die für Wellen charakteristische Möglichkeit der destruktiven Interferenz.

Abb. 1/3 zeigt einen typischen Interferenzversuch mit Wasserwellen: An zwei Stellen der Wasseroberfläche werden durch zwei miteinander verbundene Tupfer Elementarwellen gleichphasig erregt. Jeder Punkt des Wellenfeldes nimmt also an zwei Wellenbewegungen teil. Wo Wellenberge der einen Welle stets mit Wellenbergen der anderen Welle zusammentreffen, tritt größte Amplitude der Wellenbewegung auf (konstruktive Interferenz). Wo Wellenberge der einen Welle mit Wellentälern der anderen Welle zusammentreffen, tritt schwächste Wellenbewegung auf (destruktive Interferenz). Würden die beiden Zentren statt je einer Welle klassische Teilchen allseits gleichmäßig in den Raum schießen, so wäre eine solche Auslöschung unmöglich. Wir erwarten vielmehr, daß die von einer der „Teilchenkanonen" an eine bestimmte Stelle des Raumes gelangenden Teilchen durch das Hinzukommen der Teilchen aus der zweiten Kanone stets vermehrt werden. Wir sagen daher etwas grob:

Welle + Welle = verschwindende Welle ... ist möglich
Teilchen + Teilchen = keine Teilchen ... ist unmöglich

Der Grund dafür ist einfach der: Die wesentlichste Eigenschaft der Teilchen ist ihre stets positive Anzahl und ihre positive Masse, für die ein Erhaltungssatz gilt. Treffen an einer Stelle mehr Teilchen auf, so haben sie auch immer größere Masse. Klassische Teilchen können einander vielleicht zertrümmern, sie können einander aber nicht vernichten. Ebenso wie die Teilchenmasse ist die Teilchenanzahl eine stets **positive** Größe. Zwei Teilchenanzahlen können daher niemals die Summe Null ergeben, wenn beide von Null verschieden sind. Daß eine Stelle des Wellenmediums an zwei Wellenbewegungen teilnimmt, bedeutet aber nur, daß an dieser Stelle zwei Schwingungen überlagert werden. Diese Schwingungen können gleichphasig sein (wir ordnen dann den Amplituden gleiches Vorzeichen zu); dann erfolgt konstruktive Interferenz. Diese Schwingungen können aber auch gegenphasig sein (wir ordnen den Amplituden dann entgegengesetzte Vorzeichen zu); dann erfolgt destruktive Interferenz. Wellen können also destruktiv interferieren, weil die Amplitude sowohl **positiv**, als auch **negativ** sein kann.

Abb. 1/4 zeigt den eben beschriebenen Interferenzversuch in einer anderen Form: Eine ebene Welle läuft gegen einen Doppelspalt. Wenn die Spaltbreite klein ist gegen die Wellenlänge, wird jeder Spalt zum Zentrum einer Elementarwelle. Diese beiden Elementarwellen interferieren ebenso wie die nach Abb. 1/3 erzeugten Elementarwellen. In dieser Form ist der Versuch leicht auf die Optik übertragbar: Wenn Licht ein Wellenvorgang ist, geben die Lichtstrahlen offenbar die Ausbreitungsrichtung der Lichtwellen an, sie sind also die **Wellenstrahlen**. Daß eine ebene Welle gegen einen Doppelspalt läuft, bedeutet also in der Optik, daß ein paralleles Lichtbündel gegen einen Doppelspalt läuft (Abb. 1/5). Ein genau paralleles Lichtbündel liefert der Laser. Man beobachtet auf dem Bildschirm hinter dem Doppelspalt tatsächlich eine Folge heller und dunkler Streifen. Neben dem zentralen Bild $B_0$ entstehen fast ebenso helle Beugungsbilder $B_1, B_2, \ldots$. Licht verhält sich hier also tatsächlich wie eine Welle. Die dem Licht zugeordnete Wellenlänge $\lambda$ kann aus dem Versuch bestimmt werden: Das Beugungsbild $n$-ter Ordnung entsteht an jenen Stellen, zu denen das von den beiden Spaltmitten kommende Licht einen Wegunterschied $n\lambda$ zurückzulegen hat. Es gilt daher:

$$\sin \alpha_n = \frac{n\lambda}{d} = \frac{B_0 B_n}{b_n} \approx \frac{B_0 B_n}{s} \Rightarrow \lambda \approx \frac{B_0 B_n d}{ns} \qquad (1/1)$$

Für sichtbares Licht ergeben sich damit Wellenlängen zwischen 370 nm (Blaulicht) und 700 nm (Rotlicht).

Von einem gegen den Doppelspalt gerichteten Teilchenstrahl erwarten wir nach der klassischen Mechanik ein ganz anderes Verhalten (Abb. 1/6): Ist nur ein Spalt offen, so werden die Teilchen auf dem Schirm etwa die in Abb. 1/6 skizzierte Verteilung zeigen. Die meisten Teilchen werden im zentralen Bereich auftreffen, die an den Spalträndern streifenden Teilchen werden mehr oder weniger stark abgelenkt. Öffnen wir nun auch den zweiten Spalt, so wird sich hinter ihm eine ebensolche

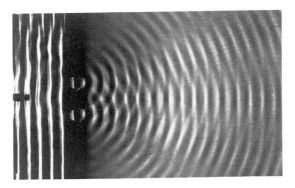

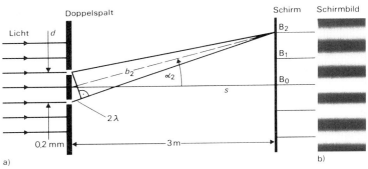

Abb. 1/4: Beugung einer ebenen Wasserwelle an einem Doppelspalt.

Abb. 1/5: Beugung eines parallelen Lichtbündels an einem Doppelspalt;
a) Schema   b) Schirmbild

Verteilung der Teilchen ergeben. Wenn im Raum zwischen dem Doppelspalt und dem Schirm stets nur wenige Teilchen gleichzeitig unterwegs sind, so daß kaum Zusammenstöße vorkommen, werden die von den beiden Spalten herrührenden Verteilungen der Teilchen einander nicht beeinflussen. Wenn wir eine Wechselwirkung zwischen den Teilchen überhaupt ausschließen, ist auch eine gegenseitige Beeinflussung der beiden Verteilungen ausgeschlossen. Für eventuell existierende Lichtteilchen müßten wir nach Abb. 1/2 eine Wechselwirkung tatsächlich ausschließen. Die beiden Teilchendichten können nirgends negativ sein. Die resultierende Teilchendichte ist die Summe der beiden Teilchendichten und überall g r ö ß e r als jede einzelne Teilchendichte. Es kann niemals Auslöschung eintreten.

*1 Das Wellenmodell des Lichtes*

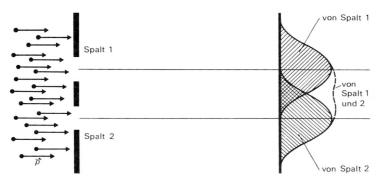

Abb. 1/6: Teilchen mit gleichem Impuls $\vec{p}$ treffen gegen einen Doppelspalt. Das Bild zeigt die Verteilung der Teilchen, wie wir sie nach der klassischen Mechanik erwarten.

Als von THOMAS YOUNG (1773–1829) und vor allem von AUGUSTIN FRESNEL (1788–1827) am Beginn des 19. Jh. erstmals Beugungsversuche mit Licht angestellt und dabei destruktive Interferenz beobachtet wurde, sah man darin nicht nur einen unwiderlegbaren Beweis für die Wellenstruktur des Lichtes, sondern auch einen Beweis für die Unbrauchbarkeit des Korpuskelmodells. Man konnte die für jede Welle charakteristischen Eigenschaften Wellenlänge $\lambda$, Ausbreitungsgeschwindigkeit $c$ und Frequenz $f = \frac{c}{\lambda}$ messen. Offen blieb nur die Frage nach dem Wellenmedium, das für jede mechanische Welle (als solche wurde Licht angesehen) unerläßlich ist.

Da alle Interferenzerscheinungen des Lichtes mit dem Wellenmodell beschreibbar sind, ist das Wellenmodell ein gutes und unerläßliches Modell zur Beschreibung der Lichtausbreitung. Da man mit Teilchen, die der klassischen Mechanik folgen, die sich also wie Schrotkugeln verhalten, die Interferenzerscheinungen nicht verständlich machen kann, sind klassische Teilchen ein zur Beschreibung der Lichtausbreitung ungeeignetes Modell. Das bedeutet aber nicht, daß ein Teilchenmodell des Lichtes ausgeschlossen ist. Es bedeutet nur, daß ein solches Modell nur mit Teilchen möglich wäre, die nicht der klassischen Mechanik folgen.

**Aufgaben**

1/1 Welcher Bedingung genügen jene Punkte in Abb. 1/3, in denen maximale Wellenamplitude auftritt? Auf welchen Kurven liegen sie?

1/2 Welche Verwandtschaften zeigt die Ausbreitung der Wellenpakete in Abb. 1/1 mit der Bewegung von Teilchen entlang einer Geraden?

*1 Das Wellenmodell des Lichtes*

## 2 Das Auflösungsvermögen optischer Instrumente

Angesichts des Bemühens der Physik, die Welt des Kleinen bis zu den Atomen und ihren Teilen sowie den Kosmos bis zu immer größeren Entfernungen zu erforschen, ist die Frage von entscheidender Bedeutung:
**Wie weit kann man die Leistungsfähigkeit von Mikroskopen und Fernrohren steigern?**
Ein Projektionsapparat bildet ein Diapositiv vergrößert ab, damit wir das Bild deutlicher sehen. Je größer wir die Entfernung der Projektionsleinwand wählen, desto größer wird das Bild. Der Vergrößerung sind offenbar keine grundsätzlichen Grenzen gesetzt. Zur Beantwortung unserer Frage müssen wir aber prüfen, ob mit zunehmender Vergrößerung auch immer feinere Details im Bild sichtbar werden können, ob also nicht etwa der durch stärkere Vergrößerung erzielte Gewinn durch mangelnde Schärfe des Bildes wieder zunichte gemacht wird.
Die Beobachtung im Fernrohr oder im Mikroskop bedeutet eine Beobachtung mit Hilfe von Wellen. Wir müssen daher prüfen, wie sich Wellen an Objekten verhalten. In Abb. 2/1 läuft eine Welle gegen einen Spalt, dessen Breite kleiner ist als die Wellenlänge. Der Spalt wird zum Erregungszentrum einer Elementarwelle. Eine Welle regt jeden Punkt des Wellenmediums zum Schwingen an. Das Medium im Spalt wird ebenso zu Schwingungen angeregt, als ob sich dort ein periodisch bewegter Tupfer befände, der eine Elementarwelle erregt.

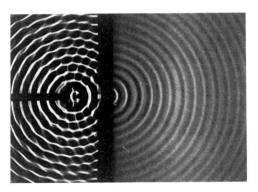

Abb. 2/1: Eine kleine Öffnung, gegen die eine Welle läuft, wird zum Zentrum einer Elementarwelle.

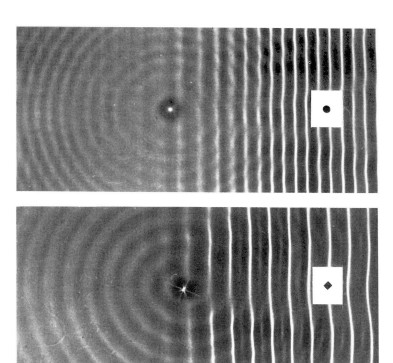

Abb. 2/2: Ein gegen die Wellenlänge kleines Hindernis wird zum Zentrum einer Elementarwelle. Die ebene Welle läuft von links nach rechts. Die Aufnahme erfolgte kurz nach dem Ausschalten des Wellenerregers, so daß die gestreute Welle links ungestört beobachtet werden kann. Das Hindernis ist rechts nochmals eingezeichnet.

Abb. 2/3: Das kleine Hindernis hat jetzt quadratischen Querschnitt. An der gestreuten Welle ändert das nichts.

Abb. 2/2 zeigt, daß ein gegen die Wellenlänge kleines Hindernis im Wellenfeld ebenso zum Zentrum einer Elementarwelle wird, wie eine kleine Öffnung in einer Wand. Man sagt: Die Welle wird an einem kleinen Hindernis allseits gleichmäßig gestreut. Solange das Hindernis gegen die Wellenlänge klein ist, ist seine Form für die Streuung ohne Bedeutung (Abb. 2/2 und 2/3). Man kann daher aus der gestreuten Welle nicht auf die Form des Hindernisses schließen. M. a. W.:

Die gestreute Welle enthält keine Information über die Struktur eines gegen die Wellenlänge kleinen streuenden Objekts.

2 *Das Auflösungsvermögen optischer Instrumente*

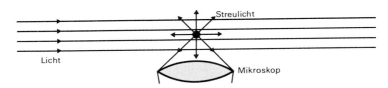

Abb. 2/4: Diese optische Anordnung entspricht den Bildern 2/2 und 2/3.

Die Abb. 2/3 entsprechende optische Anordnung zeigt Abb. 2/4: Kleine Teilchen (etwa Rauchteilchen in Luft) streuen Licht nach allen Seiten. Sie können daher im Mikroskop als leuchtende Punkte gegen einen dunklen Hintergrund beobachtet werden (**Dunkelfeldbeobachtung**). Eine Struktur dieser Teilchen wird aber nicht sichtbar.

In Abb. 2/5 läuft nun eine ebene Welle gegen zwei kleine Hindernisse, deren Abstand noch immer klein gegen die Wellenlänge ist. Die gestreute Welle ist nach wie vor eine Kugelwelle, also ebenso beschaffen wie bei der Streuung an nur einem kleinen Teilchen. Der Grund dafür ist leicht einzusehen: Für jeden Punkt des Wellenfeldes ist der Abstandsunterschied von den beiden Streuzentren klein gegen die Wellenlänge. Jeder Punkt wird daher von den beiden Streuwellen zu fast gleichphasigen Schwingungen erregt, es tritt also im gesamten Wellenfeld konstruktive Interferenz der beiden Streuwellen auf. Die gestreute Welle enthält also keine Information darüber, daß es sich um zwei getrennte Objekte handelt.

Für die Optik bedeutet das: Aus dem an zwei eng benachbarten Teilchen (oder Öffnungen) gestreuten Licht kann durch keine optische Beobachtungsmethode erkannt werden, daß es sich um zwei getrennte Teilchen handelt, solange deren Abstand klein gegen die Wellenlänge des zur Beobachtung verwendeten Lichtes ist. Die beiden Teilchen erscheinen dann stets als ein einziges Teilchen, die Struktur dieses Objektes wird nicht aufgelöst.

In Abb. 2/6 ist der Abstand der beiden Objekte größer als die Wellenlänge. Jetzt ergibt sich durch konstruktive und destruktive Interferenz der beiden Streuwellen eine für die Struktur des Objektes charakteristische Amplitudenverteilung im Wellenfeld. Dieses Wellenfeld gleicht völlig Abb. 1/3; man kann aus ihm erkennen, daß es sich um zwei Streuzentren handelt und deren Abstand nach Gl. (1/1) bestimmen. All das gilt ebenso für zwei kleine Öffnungen in einer Wand.

Für die optische Abbildung bedeutet das: Aus dem an zwei Teilchen gestreuten Licht oder dem durch zwei Öffnungen tretenden Licht kann man erst dann erkennen, daß es sich um zwei getrennte Objekte handelt, wenn deren Abstand $d$ größer als die Wellenlänge des Lichtes ist.

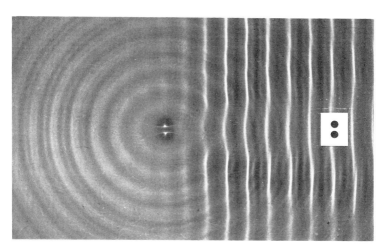

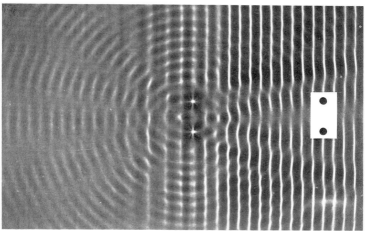

Abb. 2/5: Zwei kleine Hindernisse, deren Abstand klein gegen die Wellenlänge ist, werden wie ein einziges Hindernis zum Zentrum einer Kugelwelle.

Abb. 2/6: Erst wenn der Abstand der beiden Hindernisse größer als die Wellenlänge ist, zeigt die gestreute Welle eine für die Struktur des Objektes charakteristische Struktur.

Das Auflösungsvermögen optischer Geräte ist durch die Wellenlänge des Lichtes begrenzt. Der kleinste noch auflösbare Abstand zweier Objekte ist etwa gleich der Lichtwellenlänge.

Die Konstruktion des optischen Gerätes (also etwa des Mikroskops) mußten wir in unseren bisherigen Überlegungen überhaupt nicht beachten. Die gefundene Grenze des Auflösungsvermögens ist durch die Struktur des Lichtes bedingt und kann daher von perfekt konstruierten Geräten höchstens erreicht, nie aber überschritten werden. Jetzt ergibt sich die Frage:

**Wie muß ein Mikroskop gebaut sein, damit es an die naturgegebene Grenze des Auflösungsvermögens herankommt?**

Die entscheidende Voraussetzung dafür erläutert Abb. 2/7: Das Mikroskopobjektiv soll aus dem einfallenden Licht ein Bild des Objektes (in Abb. 2/7 ein Doppelspalt) entwerfen. In Abb. 2/7a ist die Blendenöffnung

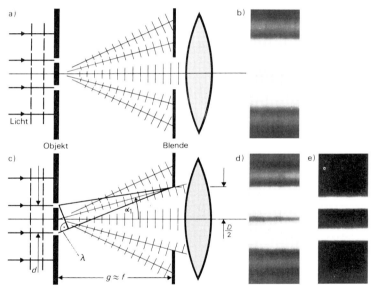

Abb. 2/7: a) Abbildung eines Doppelspaltes bei alleiniger Benützung von Licht des zentralen Beugungsbildes.
b) Das so gewonnene Bild des Doppelspaltes (keine Auflösung).
c) Durch größere Blendenöffnung wird Licht aus den Beugungsbildern erster Ordnung benützt.
d) Das so gewonnene Bild zeigt gerade noch Auflösung der Objektstruktur.
e) Bild des Doppelspaltes bei Benützung von Beugungsbildern bis zu sehr hoher Ordnung.

des Objektivs so klein gewählt, daß nur Licht aus dem zentralen Beugungsbild ins Objektiv fällt. Wenn wir nur diesen Teil des Wellenfeldes betrachten, können wir nicht erkennen, ob es sich um das Wellenfeld vor einem Doppelspalt oder vor einem einfachen Spalt handelt (vgl. Abb. 2/1 und Abb. 1/4). In diesem Teil des Wellenfeldes ist die Information darüber, daß das Objekt ein Doppelspalt ist, noch nicht enthalten. Abb 2/7b zeigt die Abbildung eines Doppelspaltes unter diesen Umständen. Auf dem Bildschirm erscheinen die beiden Spalte nicht getrennt abgebildet. Erst wenn zumindest auch das Licht aus den Beugungsbildern erster Ordnung ins Objektiv gelangt (Abb. 2/7c), wenn also die Blendenöffnung genügend groß ist, wird die Struktur des Objektes im Bild aufgelöst (Abb. 2/7d). Tatsächlich kann man aus diesem Teil des Wellenfeldes auf die Beugung an einem Doppelspalt schließen und den Abstand der beiden Spalte ermitteln. Erst dieser Teil des Wellenfeldes enthält die nötige Mindestinformation über das Objekt. Wenn wir Beugungsbilder noch höherer Ordnung erfassen, bekommen wir eine noch umfangreichere Information über das Objekt und dementsprechend ein besseres Bild (Abb. 2/7e). Wir kommen damit zu einer recht einfachen Regel:

Damit ein Mikroskop die naturgegebene Grenze des Auflösungsvermögens erreicht, also Objekte im Abstand etwa einer Lichtwellenlänge getrennt sichtbar machen kann, muß das Objektiv eine sehr große relative Blendenöffnung haben.

Aus Abb. 2/7c, die den Grenzfall darstellt, in dem gerade noch sichere Auflösung erfolgt, liest man ab:

$$\frac{d}{\lambda} \approx \frac{g}{\frac{D}{2}} \Leftrightarrow d \approx \frac{g}{D} 2\lambda; \qquad \frac{g}{D} \approx \frac{f}{D} \quad \text{Blendenzahl des Objektivs} \qquad (2/1)$$

Damit $d \approx \lambda$ wird, müßte die Blendenzahl $\frac{f}{D} \approx \frac{1}{2}$ sein, also ein extrem lichtstarkes Objektiv benützt werden. Wir haben nur eine grobe Abschätzung durchgeführt. Tatsächlich wird auch bei etwas größeren Blendenzahlen noch ein Auflösungsvermögen von der Größe der Lichtwellenlänge erreicht.

Die noch auflösbaren Objektpunkte im Abstand $d$ erscheinen vom Objektiv aus unter einem Winkel

$$\varphi \approx \frac{d}{g} \approx \frac{2\lambda \cdot \frac{g}{D}}{g} = \frac{2\lambda}{D} > \frac{\lambda}{D} \quad \text{Winkelauflösung eines Objektivs} \qquad (2/2)$$

Ein Fernrohrobjektiv kann also z. B. einen Doppelstern nur dann als Doppelstern sichtbar machen, wenn die beiden Sterne mindestens unter einem Winkel $\varphi \approx \frac{\lambda}{D}$ erscheinen.

**Beispiele**

1. Welchen Mindestdurchmesser muß das Objektiv eines Theodoliten haben, wenn damit Winkel mit einer Genauigkeit von $1''$ gemessen werden sollen?

$$D \approx \frac{\lambda}{\varphi} = \frac{5 \cdot 10^{-7} \text{m}}{5 \cdot 10^{-6} \text{rad}} = 0,1 \text{ m}$$

2. Mit einer Radioantenne von 30 m Durchmesser werden Signale von 20 cm Wellenlänge empfangen. Wann können zwei Quellen noch getrennt wahrgenommen werden?

$$\varphi \approx \frac{\lambda}{D} = \frac{0,2}{30} = 0,007 \text{ rad} = 0,4°$$

Während man also im sichtbaren Spektralbereich mit „Antennendurchmessern" von nur 1 dm schon Winkelunterschiede von $1''$ messen kann, ist das Auflösungsvermögen der Radioantenne wegen der großen Wellenlänge trotz großem Durchmesser viel kleiner.

**Aufgaben**

2/1 Wie kommen die in Abb. 2/1 vor der Wand ersichtlichen Interferenzerscheinungen zustande?

2/2 Die Winkelauflösung des menschlichen Auges ist etwa $1'$. Kommt es dem höchstmöglichen Auflösungsvermögen nahe?

2/3 Warum ergeben Objektive von Photoapparaten die größte Schärfe nicht bei kleinster Blendenzahl, sondern meist erst bei etwas abgeblendetem Zustand?

2/4 Beobachten Sie zwei parallele Linien aus so großer Entfernung, daß Sie sie gerade noch gut getrennt sehen können. Beobachten Sie die Linien nun durch einen schmalen in schwarzes Papier geschnittenen Spalt. Was bemerkt man beim Drehen des Spaltes?

2/5 Durch welche Maßnahmen kann das Auflösungsvermögen eines Mikroskops gesteigert werden?

# 3 Das Korpuskelmodell des Lichtes

## 3.1 Der photoelektrische Effekt

In einer Versuchsanordnung nach Abb. 3/1 ist am Systemträger eines Elektroskops eine vorher blank geschmirgelte Zinkplatte befestigt, auf die durch eine Glasplatte das Licht einer Quecksilberdampflampe fällt. Wir laden das Elektroskop negativ auf. Der Ausschlag bleibt auch bei sehr intensiver Beleuchtung bestehen. Beim Wegziehen der Glasplatte geht der Elektroskopausschlag aber sehr bald auf Null zurück. Das Fallen des Ausschlages setzt sofort nach dem Wegziehen der Glasplatte ein. Dieser Effekt tritt auch bei sehr schwacher Beleuchtung (große Entfernung der Lichtquelle) ein, die Entladung des Elektroskops erfolgt dann aber langsamer. Bei positiv geladenem Elektroskop tritt der Effekt nicht auf.

Das negativ geladene Elektroskop besitzt einen Elektronenüberschuß. Diese überschüssigen Elektronen müssen an das Metall gebunden sein, da sie sonst ja durch die gegenseitige Abstoßung aus dem Metall gedrängt würden. Das auftreffende Licht ermöglicht den Austritt von Elektronen (**photoelektrischer Effekt**). Offenbar hat das Licht die zur Loslösung von Elektronen nötige **Austrittsarbeit** geliefert. Durch die Glasplatte wurde das hochfrequente UV-Licht absorbiert. Das sichtbare Licht mit seiner tieferen Frequenz kann auch bei größter Intensität keine Photoelektronen auslösen. Nur das hochfrequente Ultraviolettlicht ist dazu imstande, auch bei sehr geringer Intensität.

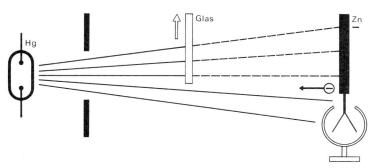

Abb. 3/1: Versuchsanordnung zur Demonstration des photoelektrischen Effektes.

Wir prüfen, ob dieser Effekt mit dem Wellenmodell verstanden werden kann: Wir nehmen an, daß die Zinkplatte durch eine ebene Lichtwelle mit konstanter Leistungsdichte $D$ (Watt/m²) bestrahlt wird. Sicher kann ein Elektron nur die auf eine sehr kleine Fläche $A_e$ (die wir als Wirkungsquerschnitt des Elektrons bezeichnen können) einfallende Lichtenergie absorbieren. Diese Absorption ist nach dem Wellenmodell ein kontinuierlicher Prozeß; es wird daher eine gewisse Zeit $t_A$ dauern, bis das Elektron die zur Loslösung vom Metall nötige Austrittsarbeit $W$ angesammelt hat:

$$W = D \cdot A_e \cdot t_A \Rightarrow t_A = \frac{W}{D \cdot A_e} \qquad (3/1)$$

Bei gegebenen Werten von $W$ und $A_e$ wird diese Austrittszeit um so kleiner sein, je größer die Leistungsdichte $D$ der Strahlung ist, je intensiver also die Zinkplatte beleuchtet wird. Wir erwarten daher, daß der photoelektrische Effekt bei Bestrahlung mit Licht jeder Frequenz eintritt, daß bei sehr kleiner Bestrahlungsintensität der Effekt mit merklicher Verzögerung einsetzt, daß diese Verzögerung aber durch genügend hohe Leistungsdichte der Strahlung bei jeder Frequenz stark verkleinert werden kann. Da die Leistungsdichte einer Wellenstrahlung durch ihr Amplitudenquadrat bestimmt ist, sollte also die Amplitude der Lichtwellen dafür entscheidend sein, wie schnell der photoelektrische Effekt einsetzt. Tatsächlich ist nur die Frequenz dafür maßgebend, ob der photoelektrische Effekt auftritt oder nicht! Er setzt zudem stets sofort bei Beginn der Bestrahlung ein, auch bei geringster Leistungsdichte einer Strahlung genügend hoher Frequenz! Der photoelektrische Effekt ist daher mit dem Wellenmodell nicht verständlich!

Der folgende Vergleich mag zeigen, daß der Effekt aber mit Hilfe eines Quantenmodells des Lichtes ganz leicht verständlich wird: Geht man mit dem Schirm im Regen, so können noch so viele Regentropfen auffallen und damit insgesamt eine beträchtliche Bewegungsenergie haben, es wird weder der Schirm durchschlagen werden noch sonst irgendetwas Schlimmes passieren. Treffen aber auch nur wenige große Hagelkörner oder ein Stein auf den Schirm, so kann die Sache schon sehr schlimm ausgehen. Der Schirm kann durchschlagen werden, weil in einem Teilchen genügend hohe Energie geballt ist und an einer Stelle wirksam wird. Ganz analog können wir den photoelektrischen Effekt durch die folgende **Lichtquantenhypothese** verstehen:

1. Die Lichtenergie steht nur in bestimmten Portionen zur Verfügung, es gibt **Lichtquanten (Photonen).**
2. Die Energie der Photonen hängt nur von der Lichtfrequenz ab und ist um so größer, je höher die Frequenz ist.
3. Die Photonen können mit Elektronen in Wechselwirkung treten. Jedes Photoelektron wird durch ein Lichtquant ausgelöst.

Die Lichtquanten sind also Energiepakete. Das Licht einer bestimmten Frequenz kann nur in ganz bestimmten Energieportionen wirksam werden. Zur Auslösung eines Photoelektrons ist eine gewisse Mindestenergie nötig. Die Energie der Photonen des sichtbaren Lichtes ist kleiner als diese Abtrennarbeit; keines dieser Photonen kann daher ein Elektron auslösen. Könnten mehrere Photonen zusammen ein Elektron auslösen, so müßte der photoelektrische Effekt auch auftreten, wenn ein einzelnes Photon dazu nicht imstande ist. Er müßte dann auch bei niederer Lichtfrequenz eintreten. Da dies nicht der Fall ist, mußten wir annehmen, daß jedes Elektron durch ein Photon ausgelöst wird. Intensivere Bestrahlung mit sichtbarem Licht bedeutet, daß mehr Photonen je Sekunde auftreffen, ohne daß die einzelnen Photonen energiereicher werden. In unserem Vergleich bedeutet das, daß es stärker regnet, ohne daß sich die Energie der einzelnen Tropfen ändert. Erst Licht höherer Frequenz liefert Photonen höherer Energie, die zur Auslösung von Photoelektronen ausreicht.

Mit einer Versuchsanordnung nach Abb. 3/2 kann relativ einfach festgestellt werden, wie die Energie der Photonen von der Frequenz abhängt: In der evakuierten Photodiode ist eine Hälfte des zylindrischen Glaskolbens mit einer Alkalimetallschicht belegt. Bei diesen Metallen tritt der photoelektrische Effekt auch bei Bestrahlung mit sichtbarem Licht auf, die Austrittsarbeit ist also relativ klein. Diese Photokathode wird mit monochromatischem Licht (also mit Licht einer bestimmten Frequenz) bestrahlt. Die Energie eines Photons wird zum Teil zur Deckung der Austrittsarbeit $A$ benötigt, der Rest verbleibt dem ausgelösten Elektron als Bewegungsenergie. Die Photoelektronen können auf die Auffangelektrode AE gelangen und sie damit negativ gegen die Photokathode aufla-

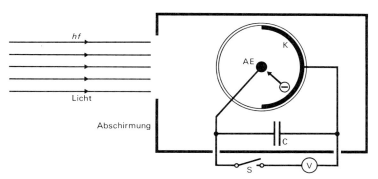

Abb. 3/2: Versuchsanordnung zur Messung der Bewegungsenergie von Photoelektronen.

den. Besteht zwischen den beiden Elektroden eine Potentialdifferenz $U$, so muß ein Elektron eine Bewegungsenergie

$$E_k \geq eU; \quad e = 1{,}602 \cdot 10^{-19} \text{C} \quad \text{Elementarquantum der elektrischen Ladung}$$

haben, um auf der Auffangelektrode landen zu können. Die Aufladung wird bis zu einer maximalen Potentialdifferenz $U_{max}$ fortschreiten, bei der die energiereichsten Photoelektronen gerade noch die Auffangelektrode erreichen können. Dann gilt:

$$E_{k,max} = eU_{max}$$

Diese Potentialdifferenz sollte mit einem statischen Voltmeter gemessen werden. Wählt man aber die Kapazität des Kondensators C genügend groß, so dauert die Aufladung bis zur Maximalspannung zwar länger, man kann aber zur Messung ein Voltmeter mit sehr hohem Innenwiderstand verwenden, an dem man nach dem Schließen des Schalters S die Maximalspannung möglichst schnell abliest. Der Kondensator unterdrückt zudem störende Wechselspannungen.

In Abb. 3/3 sind die Meßwerte $U_{max}$ für drei Frequenzen von Spektrallinien des Quecksilbers eingetragen. Die Aussonderung dieser Spektrallinien erfolgt am bequemsten mit Filtern, die nur im Bereich jeweils einer Spektrallinie durchlässig sind (Interferenzfilter). Die Meßpunkte liegen in diesem Diagramm auf einer Geraden, deren Steigung $h$ bestimmt werden kann. Es gilt daher:

$$E_{max} = hf - A \quad \text{mit} \quad h = 6{,}626 \cdot 10^{-34} \text{Js} \tag{3/2}$$

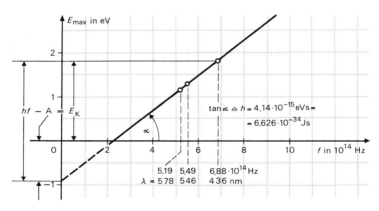

Abb. 3/3: Abhängigkeit der Energie der Photoelektronen von der Frequenz des Lichtes.

Nach dem Quantenmodell des Lichtes interpretieren wir dieses Ergebnis folgendermaßen: Im Licht der Frequenz $f$ ist die

**Energie eines Photons** $\quad E(f) = hf.$ \hfill (3/3)

Diese Energie eines Photons wird beim photoelektrischen Effekt teilweise zur Deckung der Austrittsarbeit $A$ verbraucht, der Rest $hf - A$ verbleibt dem ausgelösten Elektron als Bewegungsenergie.

Da die Frequenz $f$ kontinuierlich veränderlich ist, ist auch die Photonenenergie eine kontinuierlich veränderliche Größe. Es gibt also kein Elementarquantum der Lichtenergie. Der wesentliche Inhalt von Gl. (3/3) besteht darin, daß der Quotient aus Photonenenergie und Frequenz stets den gleichen Wert hat, also eine fundamentale Naturkonstante ist:

$$h = \frac{E(f)}{f} = \text{const.} = 6{,}626 \cdot 10^{-34} \, \text{Js} \quad \begin{matrix}\textbf{Plancksches}\\ \textbf{Wirkungsquantum}\end{matrix} \quad (3/4)$$

Die Einheit des Wirkungsquantums 1 Js ist ein Produkt (Energie·Zeit), das man als **Wirkung** bezeichnet. Diese Größe ist uns aus dem Alltag völlig unbekannt. Sie spielt aber wegen der Existenz des Wirkungsquantums in der Natur eine bedeutende Rolle. Da das Wirkungsquantum $h$ extrem klein ist, ist auch die Photonenenergie für elektromagnetische Strahlung nicht allzu hoher Frequenz sehr klein. Beispiel:

sichtbares Licht ... $\lambda = 5 \cdot 10^{-7}$ m (Grünlicht);

$$f = \frac{c}{\lambda} = \frac{3 \cdot 10^8}{5 \cdot 10^{-7}} \, \text{Hz} = 6 \cdot 10^{14} \, \text{Hz}$$

$$E = hf = 6{,}6 \cdot 10^{-34} \cdot 6 \cdot 10^{14} \, \text{J} = 4 \cdot 10^{-19} \, \text{J} = 2{,}5 \, \text{eV}$$

Deshalb ist die Quantisierung der Lichtenergie ebensowenig augenfällig, wie die Quantisierung der Materie in Atomen und Molekülen. Unsere sinnliche Wahrnehmung kann in beiden Fällen keine Unterteilung erkennen.

MAX PLANCK (1858–1947) hat bereits im Jahr 1900 gezeigt, daß die theoretische Behandlung der Schwarzen Strahlung nur dann zu Ergebnissen führt, die mit der Erfahrung übereinstimmen, wenn man statt einer kontinuierlichen Emission und Absorption der Strahlungsenergie eine solche in Quanten der Größe $E = hf$ annimmt. Da das Wellenmodell damals längst den unbestrittenen Sieg über das Korpuskelmodell des Lichtes errungen hatte, war diese PLANCKsche Hypothese so revolutionär, daß Planck selbst kaum an ihre Richtigkeit zu glauben vermochte und lange im Zweifel war, ob er einen großen Unsinn oder eine ganz wesentliche Entdeckung gemacht hatte.

Angesichts dieser Zweifel beschränkte sich MAX PLANCK auf die Annahme, daß Lichtenergie nur in Quanten $hf$ absorbiert und emittiert wird. Erst ALBERT EINSTEIN gab die durch Gl. (3/3) ausgedrückte Interpretation: Es gibt Lichtteilchen (Lichtquanten, Photonen); sie bewegen sich im Vakuum mit Vakuumlichtgeschwindigkeit $c$ und haben eine Energie $hf$. Es ist bemerkenswert, daß Einstein für diesen Beitrag zur Quantentheorie des Lichtes im Jahre 1922 mit dem Nobelpreis für Physik ausgezeichnet wurde, obwohl seine spezielle und allgemeine Relativitätstheorie sicher die weit bedeutenderen Leistungen darstellten.

**Aufgaben**

3/1  Prüfen Sie, ob die folgenden Tatsachen mit dem Wellenmodell oder mit dem Quantenmodell des Lichtes verständlich gemacht werden können:
   a) Strahlung von Wärme und sichtbarem Licht sind bei nicht zu großer Intensität für unseren Körper harmlos; UV-Strahlung verbrennt die ungeschützte Haut; Röntgenstrahlung verursacht noch viel schwerere Schädigungen.
   b) In einem Zählrohr ergeben sich beim Einfallen von $\gamma$-Strahlen ebenso einzelne Impulse wie beim Einfallen von $\alpha$- oder $\beta$-Strahlen.
   c) Der photoelektrische Effekt beginnt sofort nach dem Einfallen der Strahlung.
   d) Licht wird an einem Spiegel so reflektiert, wie Teilchen beim elastischen Stoß gegen eine starre Wand reflektiert werden.
   e) Die Brechung des Lichtes befolgt das Snelliussche Brechungsgesetz. Die Lichtgeschwindigkeit ist in allen Stoffen kleiner als im Vakuum.

3/2  1 Elektronvolt (1 eV) ist die Energie, die ein Elektron erreicht, wenn es eine Potentialdifferenz von 1 V durchläuft ($E = eU$). Gib die Energie 1 eV in J und 1 J in eV an!

3/3  Nach Abb. 3/3 liegt die Abtrennarbeit in der Größenordnung 1 eV/Elektron. Eine Zinkplatte werde mit $D = 10^3\,\text{W/m}^2$ bestrahlt; der sogenannte klassische Elektronenradius ist etwa $1{,}4 \cdot 10^{-15}\,\text{m}$. Wie lange dauert es, bis nach Gl. (3/1) ein Elektron ausgelöst wird? Was zeigt das Ergebnis?

## 3.2 Der Comptoneffekt

In den Abb. 2/2 und 2/3 trifft eine Welle auf ein kleines ruhendes Hindernis. Das gegen die Wellenlänge kleine Hindernis wird zum Zentrum einer Kugelwelle, die Welle wird allseits gleichmäßig gestreut. Für uns ist nun wesentlich: Eine Welle kann ihre Amplitude ändern (etwa bei der Ausbreitung als Kugelwelle); sie kann auch ihre Wellenlänge ändern, wenn sie sich in einem inhomogenen Medium ausbreitet, weil dort die Fortpflanzungsgeschwindigkeit vom Ort abhängt $\left(\lambda = \dfrac{v}{f}\right)$. Die Frequenz einer Welle kann sich aber bei der Reflexion, Streuung oder Brechung an ruhenden Objekten nicht ändern. Eine Frequenzänderung ist nur durch den Dopplereffekt möglich. Wenn kein Dopplereffekt verursacht wird, so schwingen die Teilchen des Wellenmedium immer mit der Frequenz, mit der die Welle erregt wurde.

Licht kann an kleinen Teilchen (z. B. an Elektronen) gestreut werden. Wenn diese Streuung dem Wellenmodell folgt, so muß bei der Streuung an ruhenden Objekten das Streulicht unveränderte Frequenz haben. Wenn diese Streuung aber dem Quantenmodell folgt, wenn sich also Licht bei der Streuung so verhält, wie sich Teilchen beim elastischen Zusammenstoß verhalten, so muß sich ein anderes Ergebnis einstellen (Abb. 3/4): Wenn ein Lichtquant der Frequenz $f_0$ und der Energie $E_0 = hf_0$ tatsächlich wie ein kleines Teilchen mit einem Elektron elastisch zusammenstößt, so wird dabei jedenfalls ein Teil der Energie des Photons auf das Elektron übertragen. Das gestreute Photon hat daher nach dem Stoß kleinere Energie als vor dem Stoß. Nach dem Quantenmodell des Lichtes bedeutet das aber, daß das gestreute Photon tiefere Frequenz hat, daß also die Frequenz des Streulichtes gegen die Frequenz des einfallenden Lichtes vermindert ist.

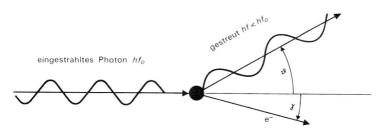

Abb. 3/4: Streuung eines Photons an einem ruhenden Elektron.

Für die Streuung des Lichtes an ruhenden Objekten erwarten wir nach dem Wellenmodell keine Frequenzänderung. Nach dem Quantenmodell erwarten wir aber eine Frequenzverminderung. Das ermöglicht eine Entscheidung, welches der beiden Modelle zur Beschreibung dieses Vorganges geeignet ist.

Aus alltäglicher Erfahrung wissen wir nun, daß Licht bei der Streuung an den Körpern unserer Umgebung seine Farbe (also seine Frequenz) nicht ändert. Wenn man eine weiße Fläche mit Grünlicht beleuchtet,

*3.2 Der Comptoneffekt*

wo wird niemals Rotlicht reflektiert! Wir müssen aber hier bedenken, daß ein Teilchen beim elastischen Stoß seine Energie fast nicht ändert, wenn es gegen einen Körper sehr viel größerer oder viel kleinerer Masse stößt: Stößt ein Stahlkügelchen elastisch gegen eine massive Stahlplatte, so prallt es mit unverändertem Geschwindigkeitsbetrag zurück und behält daher (fast) seine gesamte Bewegungsenergie. Ebenso wird ein Photon seine Energie nicht meßbar ändern, wenn es an einem Teilchen sehr viel größerer Masse gestreut wird. Stößt umgekehrt ein Körper sehr großer Masse gegen einen ruhenden Körper viel kleinerer Masse, so „überfährt" er ihn einfach, ohne in seiner Bewegung nennenswert beeinflußt zu werden. Maximale Energieübertragung auf den ruhenden Stoßpartner erfolgt dann, wenn beide Körper gleiche Massen haben.

Abb. 3/5 zeigt den Stoß einer Stahlkugel gegen eine ruhende Stahlkugel gleicher Masse in einer Stroboskopaufnahme. Wegen der gleichen Masse können die eingezeichneten Vektoren als Impulsvektoren oder als Geschwindigkeitsvektoren betrachtet werden ($\vec{p} = m\vec{v}$). Der gesamte Stoßvorgang ist durch die Erhaltung des Impulses und der Bewegungsenergie völlig bestimmt: Die Impulssumme nach dem Stoß muß gleich dem Impuls $\vec{p}_1$ vor dem Stoß sein. Wenn die Bewegungsenergie erhalten bleibt, muß gelten:

$$m{v'_1}^2 + m{v'_2}^2 = mv_1^2 \iff {v'_1}^2 + {v'_2}^2 = v_1^2$$

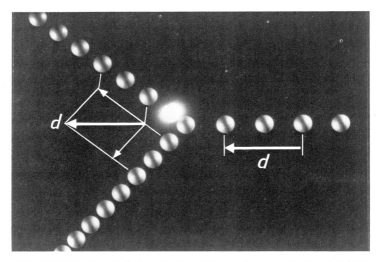

Abb. 3/5: Elastischer Stoß einer Stahlkugel gegen eine ruhende Kugel gleicher Masse.

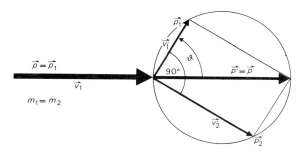

Abb. 3/6: Erhaltung von Energie und Impuls beim elastischen Stoß.

Das bedeutet, daß die Geschwindigkeitsvektoren nach dem Stoß aufeinander normal stehen müssen (Abb. 3/6). Bei gegebenem Gesamtimpuls $\vec{p}_1$ kann daher nach Abb. 3/6 nach dem Satz vom Winkel im Halbkreis zu jeder vorgegebenen Streurichtung (Richtung von $\vec{p}_1'$) die Geschwindigkeit und damit die Energie nach dem Stoß ermittelt werden. Man erkennt, daß die Energie des gestreuten Teilchens um so kleiner wird (daß also seine Energieverminderung um so größer wird) je größer der Streuwinkel $\vartheta$ ist. Der Streuwinkel kann nur bis 90° wachsen; dann kommt das stoßende Teilchen zur Ruhe, die gesamte Energie wird auf das andere Teilchen übertragen (zentraler Stoß).

Photonen können mit Elektronen in Wechselwirkung treten, sie können also an Elektronen gestreut werden. Die größte Energieverminderung der Photonen wird dabei dann eintreten, wenn die Photonen die gleiche Masse haben wie die Elektronen. Wir müssen daher die Frage beantworten:

**Welche Masse haben Lichtquanten der Energie $E = hf$?**

Nach der Einsteinschen Gleichung

$$E = mc^2 \qquad c = 2{,}99793 \cdot 10^8 \, \frac{\mathrm{m}}{\mathrm{s}} \quad \begin{array}{l}\text{Vakuum-}\\\text{lichtgeschwindigkeit}\end{array} \qquad (3/5)$$

ist eine Energie $E$ einer Masse $m = \dfrac{E}{c^2}$ äquivalent. Ein Teilchen der Energie $E$ hat also auf Grund dieser Energie eine Trägheit $m = \dfrac{E}{c^2}$. Ruhende Photonen gibt es nicht, sie kommen sozusagen schon mit Lichtgeschwindigkeit zur Welt. Photonen haben keine Ruhemasse (sie ist Null), ihre gesamte Masse (Trägheit) ist das Massenäquivalent $m = \dfrac{E}{c^2}$

ihrer Energie:

$$m_{Ph} = \frac{E}{c^2} = \frac{hf}{c^2} = \frac{hc}{c^2 \lambda} = \frac{h}{c\lambda}$$

$m_{Ph} = \dfrac{h}{c\lambda}$  **Massenäquivalent des Photons** (3/6)

Wir berechnen jene Lichtwellenlänge $\lambda_C$, für die das Massenäquivalent eines Lichtquants gleich der Masse des Elektrons ist:

$$m_{Ph} = m_e \Leftrightarrow \frac{h}{c\lambda_C} = m_e \Leftrightarrow \lambda_C = \frac{h}{m_e c} = \frac{6{,}626 \cdot 10^{-34}}{9{,}11 \cdot 10^{-31} \cdot 3 \cdot 10^8} \text{ m}$$

**Comptonwellenlänge des Elektrons:** $\lambda_C = 2{,}42 \cdot 10^{-12}$ m. (3/7)

Diese Wellenlänge liegt im Bereich kurzwelliger Röntgenstrahlen. Daß wir diese Wellenlänge dem Elektron zuordnen (nicht der Strahlung) ist damit gerechtfertigt, daß ja das Elektron durch seine Masse diese Wellenlänge bestimmt. Die Wellenlängen des sichtbaren Lichtes liegen bei $5 \cdot 10^{-7}$ m, die Frequenz und damit das Massenäquivalent der Lichtquanten ist im sichtbaren Spektralbereich um einen Faktor $10^{-5}$ kleiner als die Masse des Elektrons. Da das Elektron unter allen Teilchen die kleinste Masse hat, wird daher sichtbares Licht immer an Teilchen gestreut, deren Masse extrem groß ist gegen die Photonenmasse. Wir dürfen daher bei der Streuung von sichtbarem Licht keine meßbare Energie- und Frequenzverminderung erwarten. Erst bei der Streuung von Röntgenstrahlen kann sich eine deutliche Frequenzverminderung ergeben.

Dieser Versuch wurde erstmals von H. A. COMPTON mit einer Versuchsanordnung nach Abb. 3/7 im Jahre 1923 ausgeführt: Die Röntgenstrahlung wird durch einen Kristall, der als Beugungsgitter wirkt, spektral zerlegt. Die Strahlung der gewünschten Wellenlänge wird ausgeblendet und trifft auf eine Graphitplatte. Dort wird sie zum Teil an den Atomelektronen gestreut. Sehr lose gebundene Elektronen verhalten sich dabei fast wie freie ruhende Teilchen. Die gestreute Strahlung wird auf ihre spektrale Zusammensetzung untersucht.

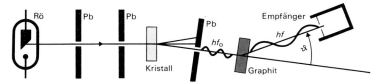

Abb. 3/7: Versuchsanordnung zum Comptoneffekt.

Neben einer Streustrahlung unveränderter Frequenz konnte COMPTON tatsächlich auch eine Strahlung feststellen, deren Frequenz kleiner war als die Frequenz der einfallenden Strahlung. Die Meßergebnisse standen zudem in genauer Übereinstimmung mit der Theorie des Versuches, in der die Streuung als elastischer Stoß unter Anwendung der Sätze von der Erhaltung des Impulses und der Energie behandelt wird. Für eine genaue Behandlung muß allerdings die relativistische Mechanik benützt werden. Für uns ist hier aber nur wesentlich, daß tatsächlich eine Streustrahlung verminderter Frequenz auftritt. Man nennt dies den Comptoneffekt. Er ist nur mit dem **Teilchenmodell** des Lichtes verständlich. Dieser bedeutende Versuch zeigte daher:

1. Das Teilchenmodell des Lichtes ist ebenso unentbehrlich wie das Wellenmodell.
2. Energie- und Impulssatz behalten auch im atomaren Bereich ihre volle Gültigkeit.

Es wäre denkbar, daß das Energieprinzip (wie die Gesetze der Thermodynamik) ein statistisches Gesetz ist. Der Comptoneffekt resultiert aber aus der Wechselwirkung jeweils eines Photons mit einem Elektron. Sein Ergebnis bestätigt, daß Energie- und Impulssatz für jeden solchen Einzelvorgang gelten.

## 3.3 Der Welle-Teilchen-Dualismus

Wir stehen damit vor folgender Situation: Die Beugungs- und Interferenzerscheinungen des Lichtes (insbesondere das Auftreten destruktiver Interferenz) sind durchwegs nur mit dem Wellenmodell verständlich. Das Wellenmodell ist daher ein gutes und unerläßliches Modell. Es ist imstande, alle Vorgänge der Ausbreitung des Lichtes verständlich zu machen. Den photoelektrischen Effekt und den Comptoneffekt konnten wir aber mit dem Wellenmodell nicht verstehen. Wir konnten aber diese Vorgänge, die eine Wechselwirkung des Lichtes mit der Materie betreffen, mit dem Teilchenmodell verstehen. Auch das Teilchenmodell ist daher ein gutes und unerläßliches Modell. Keines der beiden Modelle kann aber das Gesamtverhalten des Lichtes verständlich machen, jedes von ihnen beschreibt nur einen Teil davon, ist also unvollständig. Die beiden Modelle bedürfen der gegenseitigen Ergänzung.
Im Alltag geht es uns oft ähnlich: Wenn vor uns eine Dame geht, so sehen wir ihr Haar, ihre Kleidung, ihre Beine, ihre Bewegungen.

Wir können uns aus diesem Aspekt der einen Seite nur ein Phantasiebild der anderen Seite machen und werden vielleicht unseren Schritt beschleunigen, um es mit der Wirklichkeit zu vergleichen. Die Wirklichkeit kann ganz anders sein! Wollen wir sie umfassend beschreiben, so müssen wir beide Seiten kennen und sie zu einem Gesamtbild vereinigen.

Das Licht zeigt uns bei der Ausbreitung die „Wellenseite", bei der Wechselwirkung mit Materie zeigt es uns seine „Teilchenseite". Weil Licht sowohl Wellen- als auch Teilcheneigenschaften hat, sagt man, es zeigt einen **Welle-Teilchen-Dualismus**. Die Frage:

**Ist Licht ein Wellenvorgang oder eine Teilchenstrahlung?**

ist daher nun ebenso unpassend, wie etwa die Frage, ob uns eine Münze an ihrer Vorderseite oder an ihrer Rückseite ihr wahres Bild zeigt. Unsere Aufgabe ist nicht mehr eine Entscheidung zwischen den beiden Modellen, sondern ihre Vereinigung:

Wellen- und Teilchenmodell des Lichtes schließen einander nicht aus. Sie ergänzen einander vielmehr zu einem Gesamtbild.

Unsere Aufgabe wird es also sein, eine Beschreibung zu finden, in der das Wellenmodell und das Teilchenmodell gleichzeitig benützt werden. Wir werden im folgenden Abschnitt sehen, daß dies ein Problem ist, das nicht nur die elektromagnetische Strahlung sondern die Grundlagen der gesamten Physik betrifft.

**Aufgaben**

3/4 Berechnen Sie die Energie von Photonen des sichtbaren Lichtes und einer Röntgenstrahlung der Comptonwellenlänge $\lambda_C$ in eV!

3/5 Wie erkennt man aus Abb. 3/6, daß der Stoß zwar nicht vollständig, aber doch weitgehend elastisch ist?

3/6 Leuchtende Gase senden ein Linienspektrum aus. Was bedeutet das für die Energiestrahlung der Gasatome?

3/7 Nehmen Sie an, das Wirkungsquantum $h$ wäre extrem viel größer, etwa von der Größenordnung $10^{-14}$ Js! Wie würde sich unsere aus dem Alltag gewonnene Vorstellung von der Natur des Lichtes ändern?

# 4 Die Heisenbergsche Unschärferelation

## 4.1 Der Standpunkt der klassischen Mechanik

In Abb. 4/1 liegen auf einem mit größter Genauigkeit gearbeiteten Billardtisch 15 Billardkugeln. Eine der Kugeln soll so angestoßen werden, daß sie die anderen Kugeln in der vorgegebenen Reihenfolge trifft. Nach der klassischen Mechanik ist diese Aufgabe grundsätzlich lösbar. Die klassische Physik nimmt nämlich an:

**1. Alle physikalischen Größen haben ganz bestimmte Werte und sind grundsätzlich mit jeder gewünschten Genauigkeit meßbar.** Der Zustand eines Systems zu einem bestimmten Zeitpunkt (in unserem Beispiel also Ort, Geschwindigkeit und Masse aller Kugeln im Ausgangszustand) ist daher mit unbeschränkter Genauigkeit meßbar. Nur die technische Unzulänglichkeit unserer Meßmethoden führt zu Meßfehlern, die aber grundsätzlich beliebig klein gemacht werden können. Eine ständige Steigerung der Meßgenauigkeit ist also durchaus zulässig.

**2. Das physikalische Geschehen folgt ganz strengen Gesetzen.** Das bedeutet: Aus dem gegebenen Ausgangszustand eines Systems zur Zeit $t_0$ ergibt sich zwangsläufig und eindeutig jeder künftige Zustand des Systems. Das gesamte künftige Geschehen im abgeschlossenen System ist daher grundsätzlich vorhersagbar. Nur mangelhafte Technik bei der Bestimmung des Ausgangszustandes, ungenaue Kenntnis mancher Naturgesetze, große Kompliziertheit oder Vielfalt des Systems (wie etwa die extrem große Anzahl der Moleküle in einem Gas) oder unzureichende mathematische Hilfsmittel (etwa zu geringe Speicherkapazität unserer Rechenanlagen) hindern uns sehr oft an der Lösung des Problems.

Abb. 4/1: Nach der klassischen Mechanik ist es möglich, den Ball 1 so anzustoßen, daß er mit Sicherheit alle anderen Bälle in der vorgezeichneten Reihenfolge trifft.

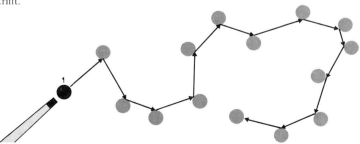

Von manchen Philosophen wurde die klassische Physik zur Grundlage eines umfassenden mechanistischen Weltbildes gemacht. PIERRE SIMON LAPLACE (1749–1827) hat das in seinem 1814 erschienenen Werk „Der Mensch, eine Maschine" besonders drastisch ausgedrückt:
„Wir können demnach den gegenwärtigen Zustand des Universums als die Folge des vorhergegangenen Zustandes und als die Ursache des künftigen Zustandes ansehen. Eine Intelligenz, der alle Naturkräfte und der Zustand aller Teile zu einem gegebenen Zeitpunkt bekannt wären, könnte die Bewegungen der größten Körper und des leichtesten Atoms vorhersagen, vorausgesetzt, daß ihre Rechenanlagen ausreichen, diese Daten auch zu verarbeiten. Nichts wäre für sie ungewiß; die Zukunft wie die Vergangenheit wären gegenwärtig vor ihren Augen..."
Tatsächlich zeigt aber eine Analyse der physikalischen Meßverfahren, daß immer eine durch unabänderliche physikalische Gegebenheiten (also nicht nur durch technische Unzulänglichkeit) bedingte Grenze der Meßgenauigkeit besteht. Betrachten wir als Beispiel eine Balkenwaage: Um die Empfindlichkeit der Waage zu steigern, bringt man den Schwerpunkt des Waagbalkens möglichst nahe an die Drehachse heran. Man bringt also den Waagbalken möglichst nahe ans indifferente Gleichgewicht heran. Es dauert dann immer länger, bis der Waagbalken nach einer Auslenkung wieder in die Ruhelage zurückschwingt. Nun ist aber der Waagbalken ein „Teilchen", das eine Brownsche Bewegung ausführt, die eine unkontrollierbare Verdrehung des Waagbalkens anstrebt. Wenn die dadurch bewirkte Verdrehung schneller erfolgt als die Rückführung, wird der Zeiger nicht mehr in seiner Nullage verbleiben, sondern in nicht vorhersehbarer Weise abweichen. Eine so hohe Empfindlichkeit macht die Waage unbrauchbar. Abhilfe könnte nur durch Tiefkühlung der Waage erfolgen.
Wäre die Empfindlichkeit unseres Gehörorgans wesentlich größer, so würden wir die Brownsche Bewegung des Trommelfells und die statistischen Schwankungen des Gasdrucks als ständiges Rauschen hören, das sehr schwache Schallreize völlig überdeckt.
Nach Abb. 4/2 soll die Geschwindigkeit eines Geschosses bestimmt werden, indem man mit einer elektrischen Stoppuhr die Zeit $t_2 - t_1$

Abb. 4/2: Schema der Messung einer Geschoßgeschwindigkeit.

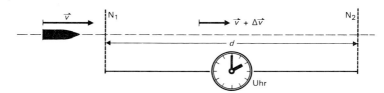

## 4 Die Heisenbergsche Unschärferelation

mißt, die vom Durchschlagen des feinen Drahtnetzes $N_1$ bis zum Durchschlagen des Drahtnetzes $N_2$ im Abstand $d$ vergeht. Offenbar wird das Geschoß durch die Messung beeinflußt. Beim Durchtrennen des ersten Drahtnetzes wird die Geschoßgeschwindigkeit etwas vermindert. Die Messung ergibt nicht mehr die unverfälschte Geschoßgeschwindigkeit vor dem Durchtrennen des ersten Netzes, sondern die durch den Meßvorgang verminderte Geschwindigkeit. Ersetzt man die beiden Netze durch Lichtschranken, so wird diese Beeinflussung wesentlich herabgesetzt; sie verschwindet aber nicht völlig, weil das Geschoß nun mit den Lichtquanten zusammenstößt. Das ist bei einem Artilleriegeschoß sicher belanglos. Ein Geschoß extrem kleiner Masse (z. B. ein Elektron) wird dadurch aber stark beeinflußt.

## 4.2 Die Heisenbergsche Unschärferelation

Um den Zustand eines Systems zu einem bestimmten Zeitpunkt zu bestimmen, muß man Ort und Geschwindigkeit jedes Teilchens gleichzeitig messen. Um die Abszisse $x$ eines Teilchens der Masse $m$ nach Abb. 4/3 mit einem Mikroskop zu messen, müssen wir das Teilchen beleuchten. Das Mikroskop zeigt den Ort des Teilchens nur mit einer gewissen Unschärfe $\Delta x$ an. Könnte nämlich das Mikroskop den Ort eines Teilchens völlig genau anzeigen, so könnte es auch die Orte zweier Teilchen völlig genau anzeigen und hätte damit unbegrenztes Auflösungsvermögen. Tatsächlich kann kein Mikroskop Abstände auflösen, die kleiner als die Lichtwellenlänge sind. Das Mikroskop zeigt daher nur an, daß sich das Teilchen in einem Bereich $x_m \pm \Delta x$ befindet. Dabei gilt annähernd:

$$\Delta x \geq \lambda \quad \text{Unschärfe der Ortskoordinate } x \qquad (4/1)$$

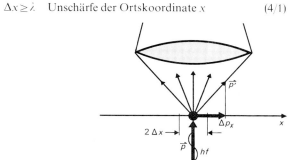

Abb. 4/3: Zur Unschärferelation.

Diese durch die Wellenstruktur des Lichtes bedingte Unschärfe kann grundsätzlich nicht beseitigt werden. Wir können aber die Meßgenauigkeit steigern, indem wir Licht kürzerer Wellenlänge verwenden.
Nun treten aber die Photonen des zur Beleuchtung verwendeten Lichtes mit dem Teilchen wie kleine Geschosse in einem Stoßvorgang in Wechselwirkung. Jedes an dem Teilchen gestreute Photon ändert den Impuls des Teilchens in unkontrollierbarer Weise, weil wir nicht vorhersagen können, in welche Richtung es gestreut wird. Durch die Ortsmessung wird also der Impuls (die Geschwindigkeit) des Teilchens verfälscht. Je genauer wir den Ort messen wollen, desto kürzere Wellenlänge muß das Licht haben, desto größer wird dann aber der

**Impuls eines Photons** $\quad p = mc = \dfrac{hf}{c^2} c = \dfrac{h}{\lambda},$ \hfill (4/2)

desto mehr wird der Impuls des Teilchens verfälscht. Um grob (dafür aber einfach) abschätzen zu können, wie groß die Impulsänderung des Teilchens sein kann, nehmen wir an, daß die Teilchenmasse gegen das Massenäquivalent der Photonen groß ist. Dann wird das Photon wie an einer festen Wand mit unverändertem Impulsbetrag gestreut. Seine Impulsänderung $\Delta p_x$ kann dann bis zum Betrag $p$ des Photonenimpulses anwachsen. Nach dem Impulssatz wird die Impulskomponente $p_x$ des Teilchens um den gleichen Betrag geändert. Wenn auch nur ein Photon mehr nach links oder rechts gestreut wird, gilt bereits:

$$\Delta p_x = |\vec{p}_{\text{Photon}}| = \frac{h}{\lambda} \quad \begin{array}{l}\text{durch die Ortsmessung bedingte}\\ \text{Unschärfe der Impulskomponente } p_x\end{array} \quad (4/3)$$

Aus Gl. (4/1) und (4/3) folgt:

$$\Delta x \cdot \Delta p_x \geq \lambda \frac{h}{\lambda} = h$$

$\Delta x \cdot \Delta p_x \geq h$ **Heisenbergsche Unschärferelation** \hfill (4/4)

Das bedeutet: Das Produkt der beiden Unschärfen kann den Wert $h$ nicht unterschreiten. Je genauer man den Ort mißt, desto ungenauer ist unsere Kenntnis des Impulses. Die Genauigkeit der Messung von Ort und Impuls kann nicht **gleichzeitig** gesteigert werden. Analoge Überlegungen gelten auch für andere Größenpaare, deren Produkt eine Wirkung (Energie·Zeit) ist. Die Messung **einer** Größe kann grundsätzlich beliebig gesteigert werden. Größen, die ineinander umrechenbar sind, können **gleichzeitig** beliebig genau gemessen werden. So kann z. B. aus dem Impuls $p = mv$ die Bewegungsenergie $E_k = \dfrac{mv^2}{2} = \dfrac{m^2v^2}{2m} = \dfrac{p^2}{2m}$ berechnet werden.

Wir haben bisher den Begriff Unschärfe nicht genau definiert und nur eine sehr grobe Abschätzung durchgeführt. Abb. 4/4 erläutert die Definition dieses Begriffes: Messen wir eine Größe $x$ sehr oft, so werden wir verschiedene Meßergebnisse bekommen. Abb. 4/4 zeigt, wie häufig in bestimmten gleichen Intervallen liegende Meßergebnisse vorgekommen sind. $\bar{x}$ ist das arithmetische Mittel aller Meßwerte. Die Unschärfe der Messung wird durch die **Standardabweichung** $\Delta x$ charakterisiert.

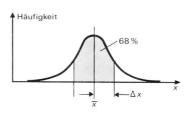

Abb. 4/4: Definition der Standardabweichung.

$\Delta x$ wird so gewählt, daß im Intervall $\bar{x} \pm \Delta x$ rund 68% aller Meßwerte liegen. Schärfere Überlegungen ergeben:

$$\Delta x \cdot \Delta p_x \geq \frac{h}{2\pi} = \hbar = 1{,}0546 \cdot 10^{-34} \text{ Js} \quad \textbf{Heisenbergsche Unschärferelation} \quad (4/5)$$

Zwei Größen, deren Produkt eine Wirkung ist, können gleichzeitig nur mit Unschärfen gemessen werden, deren Produkt mindestens die Größe $\hbar = \frac{h}{2\pi}$ hat.

Man könnte nun einwenden, daß man eben bei der Ortsmessung weniger grob mit dem Teilchen umgehen müßte, daß also mit feineren Meßmethoden doch Ort und Impuls gleichzeitig beliebig genau meßbar sein müßten. M. a. W.: Man kann auf dem Standpunkt der klassischen Physik verharren, die Existenz wohldefinierter Werte für alle Größen voraussetzen und die bei der Messung mit Licht unvermeidliche Unschärfe als Folge unserer unzureichenden Meßmethoden betrachten.

Dem ist aber entgegenzuhalten: Wir kennen keine feineren Meßmethoden als die Messung mit Licht. Für die Physik ist nicht maßgebend, was denkbar ist und sein könnte, sondern nur, was in der Natur feststellbar ist. Denkbar ist ein Perpetuum mobile; man konnte aber noch keines konstruieren. Daher erachten wir das Energieprinzip als gültig, bis vielleicht jemand einmal tatsächlich ein Perpetuum mobile erfindet. Denkbar ist ein absolut ruhendes Bezugssystem; wir können aber keines angeben. Daher erachten wir das Relativitätsprinzip als gültig. Denkbar ist die unbegrenzt genaue Messung aller physikalischen

Größen; wir sehen aber keine Möglichkeit dazu. Daher erachten wir die Unschärferelation als gültig.

Ganz wesentlich aber ist: Die Unschärferelation stellt keineswegs eine Einschränkung unserer Kenntnis der Natur dar; im Gegenteil: Sie gibt uns darüber Auskunft, wie weit wir die Genauigkeit von Messungen überhaupt treiben können, wie genau man den Zustand eines Systems überhaupt angeben kann. Bei Gültigkeit der Heisenbergschen Unschärferelation sind die Voraussetzungen des mechanistischen Weltbildes nicht mehr gegeben, weil sich schon der Ausgangszustand eines Systems nicht völlig genau angeben läßt. Unsere eingangs gestellte Aufgabe, 15 Billardkugeln in vorgegebener Reihenfolge mit Sicherheit zu treffen, ist nicht mehr bewältigbar, weil man die Richtung und die Geschwindigkeit der gestoßenen Kugel nicht gleichzeitig völlig genau festlegen kann. Die mathematische Behandlung des Problems ergibt, daß man nur etwa acht Kugeln mit Sicherheit treffen kann.

Der Wert der Unschärferelation als fundamentales Naturgesetz wird sich aber am besten dadurch zeigen, daß wir mit ihrer Hilfe viele physikalische Sachverhalte leicht verstehen können, die uns sonst unverständlich bleiben. Um sie zu festigen, müssen wir aus ihr Folgerungen ziehen, die sich experimentell überprüfen lassen. Jedes Grundgesetz der Physik kann nur auf diese Weise in seiner Gültigkeit bestätigt, niemals aber streng bewiesen (also aus anderen Gesetzen gefolgert) werden.

## 4.3 Beispiele zur Unschärferelation

### Die Nullpunktsenergie

Da Helium bei einer Temperatur von etwa 5 K verflüssigt, müssen auch zwischen den Heliumatomen bindende Kräfte wirksam sein. Da die mittlere Translationsenergie der Atome (Moleküle)

$$\bar{E}_T = \tfrac{3}{2}kT \qquad k = 1{,}381 \cdot 10^{-23}\,\frac{J}{K} \qquad (4/6)$$
Boltzmannkonstante

zur absoluten Temperatur proportional ist, bedeutet weitere Abkühlung weitere Verminderung dieser Translationsenergie bis zum Stillstand der Moleküle beim absoluten Nullpunkt. Mit genügender Annäherung an den absoluten Nullpunkt sollten daher alle Stoffe in fester Form kristallisieren, weil dann die Molekularbewegung nicht mehr ausreicht, um die durch die Molekularkräfte angestrebte Bindung in einer Kristallstruktur zu zerstören. Helium wird aber im Gegensatz zu dieser Prognose der klassischen Physik auch bei tiefsten Temperaturen unter normalem

Druck nicht fest. Es verhält sich also so, als ob die Atome auch beim absoluten Nullpunkt noch eine gewisse Bewegungsenergie hätten. Nach der klassischen Thermodynamik ist das unverständlich.
Mit Hilfe der Heisenbergschen Unschärferelation können wir dafür aber eine Erklärung geben: Verfestigung bedeutet, daß die Atome an bestimmte Plätze im Kristallgitter gebunden sind. Die Bewegungsfreiheit wird auf einen Bruchteil des Atomradius eingeschränkt. Jede Ortskoordinate eines Heliumatoms wäre im Kristall mit einer nur sehr kleinen Unschärfe $\Delta x$ festgelegt. Die zugehörige Impulskoordinate $p_x$ kann daher auch beim absoluten Nullpunkt nicht exakt Null sein, sie kann nach der Heisenbergschen Unschärferelation nur mit einer Unschärfe

$$\Delta p_x \geq \frac{h}{\Delta x}$$

festgelegt werden. Der Impuls (und damit die Bewegungsenergie) der Atome kann daher auch beim absoluten Nullpunkt nicht verschwinden, die Atome haben eine sogenannte **Nullpunktsenergie**. Auf je kleineren Raum man ein Teilchen einschränkt, desto größer muß seine Nullpunktsenergie sein. Auf kleinstem Raum sind die Teilchen in den Atomkernen zusammengedrängt. Ihre Nullpunktsenergie muß daher extrem groß sein.
Diese Nullpunktsunruhe hat mit der Temperatur nichts zu tun und kann den Atomen durch Abkühlung nicht entzogen werden. Beim Helium reicht sie infolge der sehr kleinen Molekularkräfte zwischen den Heliumatomen aus, um eine Verfestigung auch bei tiefsten Temperaturen zu verhindern. Wir erkennen also:

Daß ein Teilchen auf einen kleinen Raumbereich eingeschränkt ist, bedeutet, daß sein Ort mit einer nur kleinen Unschärfe festgelegt ist. Impuls und Bewegungsenergie des Teilchens können daher nicht Null sein, das Teilchen besitzt eine Nullpunktsenergie.


### Durchgang von Teilchen durch einen Spalt

Der folgende Gedankenversuch zeigt besonders eindringlich die Tragweite der Unschärferelation: Wir nehmen an, daß kleine Teilchen (z. B. Elektronen) gegen eine undurchdringliche Wand mit einem Spalt der Breite $d$ geschossen werden (Abb. 4/5). Alle Teilchen sollen vor dem Aufprall den gleichen Impuls haben:

$$\vec{p} = (p_x/0/0).$$

*4.3 Beispiele zur Unschärferelation*

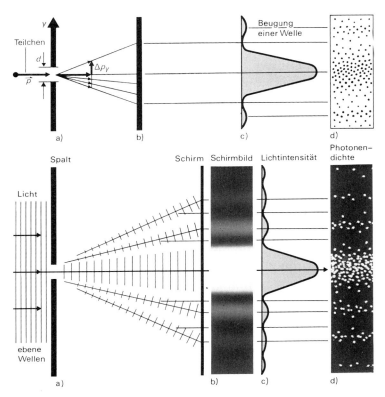

Abb. 4/5: Durchgang von Teilchen durch einen Spalt.

Abb. 4/6:
a) Beugung einer Welle an einem Spalt.
b) Schirmbild beim Durchgang eines parallelen Lichtbündels durch einen Spalt. Die Helligkeit zeigt die Verteilung der Lichtenergie und damit die Verteilung der Photonen an.
c) Graphische Darstellung dieser Verteilung.
d) Deutung des Schirmbildes als Bild der Photonenverteilung.

Schon daraus ergeben sich nach der Unschärferelation folgende Konsequenzen: Da die $x$-Komponente des Impulses mit einem ganz bestimmten Wert $p_x$ angenommen wurde, ist ihre Unschärfe $\Delta p_x = 0$. Da aber $\Delta x \cdot \Delta p_x \geq h$ sein muß, strebt $\Delta x$ gegen Unendlich. Dasselbe gilt für $\Delta y$ und $\Delta z$. Das bedeutet: Schreibt man dem Teilchen einen wohldefinierten Impuls zu, so bleibt sein Ort völlig unbestimmt.

Es kann daher zu keiner Zeit $t$ ein bestimmter Ort des Teilchens angegeben werden! Man kann daher auch keine Bahn des Teilchens angeben, denn die Angabe einer solchen Bahn bedeutet ja, daß man zu jedem Zeitpunkt sagen kann, wo sich das Teilchen befindet. Der in der klassischen Mechanik durchaus sinnvolle und gebräuchliche Begriff „Teilchenbahn" kann also bei Beachtung der Unschärferelation seinen Sinn völlig verlieren. Wir erkennen daraus, daß die Unschärferelation nicht nur eine geringfügige Korrektur klassischer Auffassungen der Physik bedeutet, sondern vermutlich eine äußerst tiefgreifende Umgestaltung der klassischen Mechanik beinhaltet.

Nach klassischer Auffassung muß nun ein Teilchen, das den Spalt ohne Berührung der Ränder durchsetzt, unveränderten Impuls behalten, also geradlinig weiterfliegen. Zu einer ganz anderen Vorhersage führt die Unschärferelation: Daß ein Teilchen den Spalt durchsetzt, bedeutet, daß die $y$-Koordinate in diesem Moment im Bereich $y = 0 \pm \frac{d}{2}$ liegt, also mit einer Unschärfe $\Delta y \approx \frac{d}{2}$ festgelegt wird. Da

$$\Delta p_y \Delta y \geq h \quad \text{und somit} \quad \Delta p_y \geq \frac{h}{\Delta y} \approx \frac{2h}{d} \tag{4/7}$$

sein muß, sind die $y$-Komponenten des Impulses nach dem Durchsetzen des Spaltes nicht mehr Null; sie liegen vielmehr vorwiegend in einem Intervall $\pm \Delta p_y$. Es kann daher von keinem Teilchen vorhergesagt werden, wo es den Schirm treffen wird. Wir können nur sagen, daß der Großteil der Teilchen in dem durch $\Delta p_y$ bestimmten Intervall auftreffen wird. Macht man den Spalt enger, so wird diese Zerstreuung der Teilchen keineswegs vermindert, das Gegenteil ist der Fall: Kleineres $d$ (also genauere Festlegung des Ortes beim Durchgang durch den Spalt) bewirkt noch größere Impulsunschärfe und damit noch stärkere Zerstreuung der Teilchen.

Die Analogie mit der Beugung einer Welle an einem Spalt ist offensichtlich: Abb. 6/12 zeigt die Beugung von Wellen an Spalten verschiedener Breite. Je enger der Spalt gegen die Wellenlänge ist, desto stärker wird die Welle gebeugt. Abb. 4/6b zeigt das bei der Beugung eines parallelen Lichtbündels an einem Spalt entstehende Schirmbild. In Abb. 4/5c ist die bei der Beugung des Lichtes am Spalt auftretende Helligkeitsverteilung am Schirmbild so eingezeichnet, daß die beiden ersten Helligkeitsminima jenen Bereich begrenzen, in dem der Großteil der Teilchen den Schirm trifft. Wir können sie als ein Diagramm der Verteilung der Teilchen auf dem Schirm betrachten (Abb. 4/5d). Die Unschärferelation führt also zu dem Ergebnis, daß die Teilchen am Spalt wie eine Welle gebeugt werden. Das ist mit unseren bisherigen Vorstellungen über das Verhalten von Teilchen völlig unvereinbar.

Wenn Teilchen an einem Spalt tatsächlich wie eine Welle gebeugt werden, dann können wir auch die Beugung von Licht an einem Spalt in Abb. 4/6 als eine Beugung der Lichtteilchen (der Photonen) interpretieren. Die Helligkeitsverteilung auf dem Bildschirm zeigt uns die Verteilung der Lichtenergie auf dem Bildschirm und damit die Verteilung der Photonen an: Wo große Helligkeit besteht, treffen viele Photonen/m$^2$ s auf den Schirm. An den dunklen Stellen treffen fast keine Photonen auf (Abb. 4/6d). Damit ergibt sich ein erster Ansatzpunkt für eine Vereinigung des Wellen- und des Teilchenmodells: Eine am Spalt gebeugte Welle bestimmter Wellenlänge (das ist die den Photonen zugeordnete Wellenlänge, also die Lichtwellenlänge) zeigt uns durch ihre Intensität an, wie sich die Photonen hinter dem Spalt verteilen.

Dieses aus der Unschärferelation gefolgerte Verhalten von Teilchen an einem Spalt widerspricht grob der klassischen Teilchenmechanik: In unserer Darstellung war nirgends von einer Kraft die Rede, durch die die Teilchen abgelenkt werden. Nach dem Beharrungsgesetz müßten alle Teilchen, die den Spaltrand nicht berühren, mit unveränderter Richtung weiterfliegen. Welcher Teil der Teilchen den Spaltrand berührt, müßte offenbar von der Größe der Teilchen abhängen. Bei Verwendung extrem kleiner Teilchen sollte nur ein kleinerer Prozentsatz der durch den Spalt fliegenden Teilchen eine Ablenkung erfahren. In Gl. (4/7) kommt aber die Teilchengröße überhaupt nicht vor.

Aus diesen Widersprüchen gegen die klassische Mechanik dürfen wir aber nun keinesfalls folgern, daß die klassische Mechanik falsch ist. Sie hat sich so außerordentlich bewährt, daß an ihrer Brauchbarkeit und Richtigkeit nicht der geringste Zweifel bestehen kann: NEWTON konnte bereits zeigen, daß aus der von ihm begründeten Mechanik die Keplerschen Gesetze der Planetenbewegung folgen. Die Bahnen von Raumfahrzeugen werden auch heute noch nach dieser Mechanik berechnet. In der gesamten Technik wird sie mit Erfolg benützt. Das erste Versagen dieser Mechanik zeigte sich bei der Messung der Lichtgeschwindigkeit, die sich als völlig unabhängig vom Bewegungszustand des Beobachters erwies (Versuch von MICHELSON und MORLEY, 1887). ALBERT EINSTEIN konnte in seiner 1905 publizierten speziellen Relativitätstheorie zeigen, daß die klassische Mechanik nur für Geschwindigkeiten gilt, die klein gegen die Vakuumlichtgeschwindigkeit sind, daß also die klassische Mechanik ein Spezialfall einer allgemeineren relativistischen Mechanik ist. Im gesamten Bereich der makroskopischen Körper sind aber alle Geschwindigkeiten stets klein gegen die Vakuumlichtgeschwindigkeit. Es gilt daher die Newtonsche Mechanik.

Ähnlich muß es sich jetzt verhalten: Wenn wir mit der Newtonschen Mechanik das Verhalten von Teilchen an einem Spalt nicht verstehen können, so dürfen wir daraus nicht folgern, daß diese Mechanik schlecht-

hin falsch ist. Es kann wieder nur so sein, daß der Gültigkeitsbereich dieser Mechanik nochmals eingeschränkt werden muß.
In jeder abgeänderten Mechanik muß aber die klassische Mechanik als Spezialfall enthalten sein. Unsere Frage lautet daher:

**Wann wird die aus der Unschärferelation gefolgerte Beugung von Teilchen beobachtbar? Wann werden also beobachtbare Abweichungen von der klassischen Mechanik auftreten?**

Das wird dann der Fall sein, wenn der Winkelbereich, in dem die Teilchen in Abb. 4/5 vorwiegend gestreut werden, eine meßbare Größe erreicht. Es gilt:

$$\tan\alpha = \frac{\Delta p_y}{p} \gtrsim \frac{\frac{2h}{d}}{mv} = \frac{2h}{mvd}$$

Die Beugung wird um so deutlicher auftreten, je kleiner die Teilchenmasse, die Teilchengeschwindigkeit und die Spaltbreite sind.

### Beispiele

1. Da die Beugung um so eher beobachtbar wird, je kleiner die Masse und Geschwindigkeit der Teilchen ist, schießen wir Metallkügelchen von nur 0,1 mm Durchmesser (ihre Masse ist dann etwa $5 \cdot 10^{-9}$ kg) mit einer Geschwindigkeit von nur $1\,\frac{m}{s}$ gegen einen Spalt von 0,2 mm Breite. Viel kleiner können wir den Spalt nicht machen, da ihn sonst die Teilchen nicht mehr durchsetzen können:

$$\tan\alpha \gtrsim \frac{2h}{mvd} = \frac{2 \cdot 6 \cdot 10^{-34}}{5 \cdot 10^{-9} \cdot 2 \cdot 10^{-4}} = 1{,}2 \cdot 10^{-21}; \quad \alpha \approx (2 \cdot 10^{-16})''.$$

Dieser Winkel liegt um etwa 14 Zehnerpotenzen unter der bei Winkelmessungen erreichbaren Genauigkeit, er ist unmeßbar klein. An diesen zwar sehr kleinen, aber noch immer makroskopischen Teilchen, können daher die Beugungserscheinungen nicht beobachtet werden. Diese Teilchen bewegen sich mit unveränderter Richtung durch den Spalt, wie es die klassische Mechanik verlangt. Sie befolgen das Beharrungsgesetz.

2. Es sollen nun unter den gleichen Umständen Elektronen ($m = 10^{-30}$ kg) auf den Spalt treffen:

$$\tan\alpha \gtrsim \frac{2 \cdot 6 \cdot 10^{-34}}{10^{-30} \cdot 1 \cdot 1 \cdot 10^{-4}} \quad\Rightarrow\quad \alpha \gtrsim 80°.$$

Die Ablenkung erreicht jetzt extrem große Werte, die Elektronen werden am Spalt nach allen Richtungen zerstreut. Sie verhalten sich also wie die Welle an einer gegen die Wellenlänge kleinen Öffnung in Abb. 6/12. Das Verhalten dieser atomaren Teilchen kann mit der klassischen Mechanik nicht mehr richtig beschrieben werden.

> Die Heisenbergsche Unschärferelation gilt im gesamten Bereich der Physik. Sie ist aber für makroskopische Teilchen bedeutungslos; makroskopische Teilchen folgen der klassischen Mechanik. Das Verhalten atomarer Teilchen kann aber mit der klassischen Mechanik nicht mehr zutreffend beschrieben werden.

Zur Beschreibung des Verhaltens von Lichtquanten und anderen kleinsten Teilchen brauchen wir also eine neue Mechanik. Mit den Grundzügen dieser sogenannten **Quantenmechanik** werden wir uns im folgenden Abschnitt befassen.

**Aufgaben**

4/1  Ein Elektron habe genau den Impuls $\vec{p} = \vec{0}$. Was kann man über den Ort des Elektrons sagen?

4/2  Welche der Abb. 6/12 veranschaulicht annähernd den Durchgang von makroskopischen Teilchen durch einen Spalt?

4/3  Ort und Impuls eines Gewehrgeschosses werden auf je 4 Stellen genau gemessen. Um wieviele Zehnerpotenzen liegt das Produkt der Meßungenauigkeiten über der durch die Unschärferelation gegebenen Grenze der Meßgenauigkeit?

# 5 Grundgedanken der Quantenmechanik

## 5.1 Die Welleneigenschaften von Teilchen

Nach der erfolgreichen Ausführung der ersten Interferenzversuche mit Licht um 1800 wurde Licht ein volles Jahrhundert hindurch ausschließlich als Wellenvorgang beschrieben. MAX PLANCK selbst zweifelte an der Richtigkeit der von ihm im Jahre 1900 eingeführten Quantenhypothese des Lichtes. Erst im Jahre 1923 wurde durch den experimentellen Nachweis des Comptoneffektes die Unentbehrlichkeit des Quantenmodells erwiesen. Da sich das Wellenmodell so hervorragend bewährt hatte, bedeutete die Entdeckung der Teilcheneigenschaften des Lichtes eine allen Erwartungen widersprechende Überraschung.

Vor einer ähnlichen Situation stehen wir nun bei den Objekten, die wir bisher nur als Teilchen beschrieben haben: Wie sich Teilchen verhalten, weiß jeder aus dem Alltag, auch wenn er sich mit der Mechanik dieser Teilchen nicht beschäftigt hat. Die Eigenschaften von Teilchen sind uns also viel besser vertraut, als die Welleneigenschaften des Lichtes, die ja erst durch besondere Versuche aufgedeckt werden müssen und im Alltag nicht sichtbar werden. Daher erscheint uns der Gedanke, daß Teilchen auch Welleneigenschaften haben könnten, im höchsten Maß befremdend. Es fällt uns schwer, zu glauben, daß sich Teilchen nur deshalb ganz anders verhalten sollen, weil sie viel kleiner sind als die aus dem Alltag vertrauten Teilchen.

Wenn Teilchen tatsächlich auch Welleneigenschaften haben, so zeigen sie ebenso wie Licht einen Welle-Teilchen-Dualismus. Den Teilchen muß dann neben ihren Teilcheneigenschaften (Masse $m$, Impuls $p$, ...) auch eine Wellenlänge zugeordnet sein. Für Licht geben die folgenden Gleichungen eine Verknüpfung der Welleneigenschaften ($\lambda$), mit den Teilcheneigenschaften ($m$, $p$) an:

$$\text{Massenäquivalent eines Photons} \quad m = \frac{h}{c\lambda}$$

$$\text{Impulsbetrag eines Photons} \quad p = mc = \frac{h}{c\lambda}c = \frac{h}{\lambda} \qquad (5/1)$$

LUIS DE BROGLIE stellte im Jahre 1924 die Hypothese auf, daß Gl. (5/1) nicht nur für Licht gilt, sondern im gesamten Bereich der Natur, also für irgendwelche Teilchen ebenso wie für Photonen:

Jedem Teilchen ist eine Wellenlänge $\lambda$ zugeordnet:

$$\lambda = \frac{h}{p} = \frac{h}{mv} \quad \text{de Broglie-Wellenlänge} \tag{5/2}$$

Ob diese Hypothese stimmt, ob also Teilchen tatsächlich eine Wellenlänge $\lambda = \frac{h}{p}$ haben, muß durch Beugungsversuche geprüft werden. Jede Wellenlänge läßt sich durch Beugung der Wellen an geeigneten Gittern bestimmen. Die Gitterkonstante muß etwa die Größenordnung der Wellenlänge haben. Für sichtbares Licht kann man passende Beugungsgitter mechanisch oder photographisch herstellen. MAX VON LAUE konnte 1913 die Wellenstruktur der Röntgenstrahlen durch Beugung an Kristallgittern nachweisen. Die Wellenlängen der Röntgenstrahlen haben die Größenordnung von Atomdurchmessern. Um etwa die Beugung von Elektronenstrahlen experimentell nachzuweisen, müssen wir zuerst ihre de Broglie-Wellenlänge berechnen, um geeignete Beugungsgitter angeben zu können. Werden Elektronen in einer Elektronenstrahlröhre (Braunsche Röhre) durch eine Spannung $U$ beschleunigt, so wird an jedem Elektron eine elektrische Arbeit $eU$ verrichtet und in Bewegungsenergie des Elektrons verwandelt:

$$\frac{mv^2}{2} = eU \Rightarrow v = \sqrt{\frac{2eU}{m}}, \text{ daher ist:}$$

$$\lambda = \frac{h}{mv} = \frac{h}{\sqrt{2meU}} \quad \begin{array}{l}\text{de Broglie-Wellenlänge von}\\ \text{Elektronen}\end{array} \tag{5/3}$$

$U = 100$ V ergibt $\lambda = 1{,}2 \cdot 10^{-10}$ m; $\quad U = 10000$ V ergibt $\lambda = 1{,}2 \cdot 10^{-11}$ m.

Das sind Wellenlängen in der Größenordnung von Atomradien. Als Beugungsgitter kommen daher ebenso wie für Röntgenstrahlen Kristalle in Frage. Bringt man eine sehr dünne Metallfolie in einen Elektronenstrahl, so wird sie von den Elektronen durchsetzt und man kann auf dem Bildschirm die gleichen Beugungserscheinungen beobachten wie beim Durchgang von Röntgenstrahlen (Abb. 5/1 und 5/2). DAVISSON und GERMER haben im Jahr 1927 erstmals solche Elektronenstrahlbeugung an Kristallen beobachtet. Da die Gittereigenschaften der Kristalle bekannt sind, kann man aus der Beugung der Elektronenstrahlen deren Wellenlänge bestimmen. Die Messungen bestätigen die Gültigkeit der Gleichung $\lambda = \frac{h}{p}$ für die de Broglie-Wellenlänge. Damit wurde gezeigt:

Ebenso wie bei der elektromagnetischen Strahlung ist auch zur vollständigen Beschreibung des Verhaltens von „Teilchen" sowohl das Teilchenmodell als auch das Wellenmodell unentbehrlich.

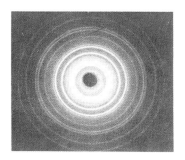
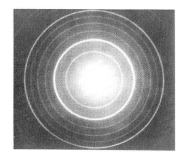

Abb. 5/1: Beugung beim Durchgang von Röntgenstrahlen durch eine Al-Folie. (Photo Bell Telephone Laboratories)

Abb. 5/2: Beugung eines Elektronenstrahles beim Durchgang durch eine Folie aus Thalliumchlorid. (Photo RCA Laboratories, Princeton, N.J.)

## 5.2 Die Wahrscheinlichkeitsdichte

Wir stehen nun bei der Beschreibung der Gesamtstruktur der elektromagnetischen Strahlung und des Verhaltens von Teilchen vor derselben Situation: Beide Sachgebiete lassen sich nur unter Verwendung des Wellenmodells und des Teilchenmodells beschreiben. Unsere Aufgabe ist es nun, diese beiden Modelle zu einer Mechanik zu vereinigen, die sowohl die Welleneigenschaften als auch die Teilcheneigenschaften berücksichtigt. Vor allem haben wir die noch offene Frage zu klären:

**Welche Bedeutung hat die den Teilchen zugeordnete Welle?**

Abb. 5/3 zeigt nochmals die Beugung einer Welle an einem Doppelspalt. Wir können die Abbildung als die Beugung eines parallelen monochromatischen Lichtbündels interpretieren. Abb. 5/3b zeigt die Helligkeitsverteilung (also die Verteilung der Lichtenergie) auf dem Bildschirm. Dasselbe Schirmbild würde aber auch entstehen, wenn wir einen Strahl von Elektronen mit gleicher de Broglie-Wellenlänge $\lambda = \frac{h}{p}$ (also mit gleichem Impuls $\vec{p}$) gegen den Doppelspalt richten. Das Schirmbild zeigt uns in beiden Fällen einen Schnitt durch die räumliche Verteilung der Teilchen (also der Photonen bzw. der Elektronen); in Abb. 5/3d ist diese Verteilung der Teilchen angedeutet: Große Helligkeit am Bildschirm zeigt an, daß dort relativ viele Teilchen auftreffen, daß dort große Teilchendichte (Anzahl der Teilchen/m³) besteht. Dunkelheit am Schirm zeigt an, daß dort (fast) keine Elektronen bzw. Photonen auftreffen.

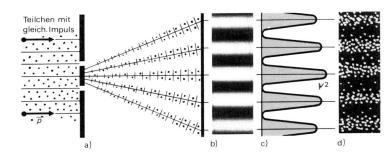

Abb. 5 3: a) Die Intensität (das Amplitudenquadrat) der am Doppelspalt gebeugten Welle zeigt uns die räumliche Verteilung der Teilchen (Photonen, Elektronen) hinter dem Doppelspalt an.
b) Photographie des Schirmbildes; es wird durch ein extrem großes Kollektiv von Teilchen erzeugt.
c) Die Helligkeit des Schirmbildes ist ein Maß der Teilchendichte. Der Graph stellt das Amplitudenquadrat der Welle und die Teilchendichte dar.
d) So würde die Verteilung eines relativ kleinen Kollektivs aussehen.

Zwischen der Welle und den Teilchen (Photonen, Elektronen) besteht offenbar folgende Beziehung: Wo hohe Intensität der Welle besteht (also an den Stellen konstruktiver Interferenz), treffen wir relativ viele Teilchen an. Wo geringe Intensität der Welle besteht (also an den Stellen destruktiver Interferenz), treffen wir nur relativ wenige Teilchen an.

Die Intensität einer Welle messen wir durch ihr stets positives Amplitudenquadrat $\psi^2$ (Abb. 5/3c).

Wie Teilchen im Raum verteilt sind, beschreiben wir durch die

**Teilchendichte** $\quad n = \lim_{\Delta V \to 0} \frac{\Delta N}{\Delta V} = \frac{dN}{dV},$ \hfill (5/4)

also durch die Angabe der Teilchenzahl/m³. Ganz analog beschreiben wir ja die Masseverteilung in einem Körper durch die Angabe einer

(Masse)-Dichte $\quad \varrho = \lim_{\Delta V \to 0} \frac{\Delta m}{\Delta V} = \frac{dm}{dV}.$ \hfill (5/5)

Wir können daher sagen:

Gehen Teilchen mit dem Impuls $\vec{p}$ durch einen Doppelspalt, so ergibt sich dahinter eine Teilchendichte $n$, die zum Amplitudenquadrat einer am Doppelspalt gebeugten Welle der Wellenlänge $\lambda = \dfrac{h}{p}$ proportional ist:

$$n = k\psi^2 \qquad (5/6)$$

Die den Teilchen zugeordnete Welle gibt uns also die räumliche Verteilung der Teilchen an.

Wir haben damit einen experimentell festgestellten Sachverhalt mit uns passend erscheinenden Begriffen beschrieben. Wesentlich ist dabei:

1. Wir haben **nichts** darüber gesagt, wie sich ein **einzelnes** bestimmtes Teilchen verhält, wo es also den Schirm treffen wird. Obwohl alle Teilchen denselben Versuchsbedingungen unterliegen (also in gleicher Weise gegen den Doppelspalt geschossen werden), kann jedes von ihnen **irgendwo** im Bereich des Beugungsbildes den Schirm treffen.
2. Alle Interferenzversuche mit Licht oder Elektronen werden mit einer ungeheuer großen Zahl von Teilchen (Photonen, Elektronen) durchgeführt. Unter dieser stets eingehaltenen Bedingung ergibt sich bei gegebenen Versuchsbedingungen **stets das gleiche** Schirmbild, also die gleiche Verteilung einer **extrem großen** Zahl von Teilchen. Nur diese Verteilung eines überaus großen Kollektivs gleicher Teilchen kann mit Hilfe der den Teilchen zugeordneten Welle **vorausgesagt** werden ($n = k\psi^2$).

Das sind genau die Merkmale eines reinen Glückspiels: Wenn man einen Würfel einmal wirft, kann man nicht vorhersagen, welche Zahl man werfen wird. Bei einer sehr großen Anzahl von Würfen erwarten wir aber doch, daß jede der möglichen Augenzahlen (fast) **gleich** häufig vorkommt. Solche Sachverhalte werden mit den Begriffen der Statistik beschrieben.

Wir demonstrieren die wesentlichen Züge statistischer Gesetzmäßigkeit mit dem in Abb. 5/4 dargestellten Nagelbrett: In ein Brett sind in möglichst regelmäßiger Anordnung Nägel eingeschlagen; davor ist eine Glasplatte, oben mündet in der Mitte ein Einfülltrichter, unten ist eine ungerade Anzahl gleich breiter Fächer angeordnet. Es steht uns eine große Anzahl gleicher Kugeln zur Verfügung.

Wirft man **eine** Kugel in das Nagelbrett, so gelangt sie nach vielen Stößen gegen die Nägel in **irgendeines** der Fächer. Wiederholt man diesen Versuch, so stellt sich wieder **irgendein** Versuchsergebnis ein. Das Ergebnis **eines** Versuches ist **nicht** vorhersagbar.

Wirft man nun ein Kollektiv von $N = 20$ Kugeln in das Nagelbrett, so erhält man eine bestimmte **Verteilung** der Kugeln auf die einzelnen Fächer (Abb. 5/4b). Diese Verteilung eines kleinen Kollektivs ist meist nicht symmetrisch, sie zeigt keine besonderen Gesetzmäßigkeiten. Wiederholt man den Versuch mit diesem kleinen Kollektiv, so erhält man meist eine ganz andere Verteilung. Das Versuchsergebnis erscheint also rein zufällig und ist daher nicht vorhersagbar.

Vergrößert man nun das Kollektiv auf etwa 2000 Kugeln (Abb. 5/4c), so zeigt sich eine gewisse Gesetzmäßigkeit in der Verteilung auf die einzelnen Fächer. Symmetrisch liegende Fächer zeigen aber trotz der Symmetrie des Nagelbretts noch deutlich verschiedene Kugelzahlen.

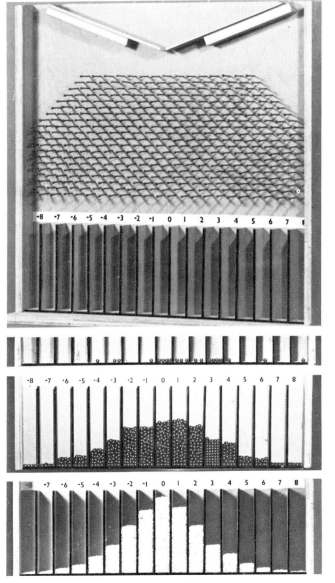

Abb. 5/4: Demonstration zur Statistik (Nagelbrett).

Wiederholt man den Versuch mit diesem schon relativ großen Kollektiv, so erhält man nur annähernd wieder die gleiche Verteilung. Man sagt: Es treten noch deutliche **statistische Schwankungen** auf.
Vergrößert man aber nun das Kollektiv nochmals beträchtlich, indem man etwa 30000 Reiskörner einwirft, so ergibt sich eine schön symmetrische Verteilung (Abb. 5/4d). Daß dies kein Zufall, sondern die Verwirklichung eines recht strengen Gesetzes ist, erkennt man, indem man den Versuch mit demselben sehr großen Kollektiv wiederholt: Man erhält immer wieder (fast) die gleiche Verteilung, die statistischen Schwankungen sind unmerklich klein. Sie verschwinden offenbar, wenn die Anzahl $N$ der eingeworfenen gleichartigen Teilchen gegen Unendlich strebt. Wir sehen:

Das Verhalten einzelner Teilchen ist dem Zufall überlassen, es ist daher nicht vorhersagbar. Das Verhalten eines extrem großen Kollektivs gleicher Teilchen ist gesetzmäßig; es ist daher vorhersagbar.

Wir beschreiben diesen Sachverhalt mit folgenden Begriffen:
Die Gesamtanzahl der eingeworfenen Teilchen ist $N$ (Größe des Kollektivs). Die Anzahl der Teilchen, die ins Fach mit der Nummer $i$ gefallen sind, ist die **absolute Häufigkeit** $n_i$. Der Quotient

$$h_i = \frac{n_i}{N} \text{ ist die \textbf{relative Häufigkeit}}$$

dieses Ereignisses. Es gilt:

$$\sum n_i = N; \quad \sum h_i = \sum \frac{n_i}{N} = \frac{1}{N} \sum n_i = \frac{1}{N} N = 1$$

Die relative Häufigkeit $h_i$ gibt an, welcher Bruchteil der insgesamt eingeworfenen $N$ Teilchen ins Fach mit der Nummer $i$ gefallen ist. Daß die Verteilung eines extrem großen Kollektivs streng gesetzmäßig wird, bedeutet, daß die relative Häufigkeit jedes Ereignisses einem ganz bestimmten Wert zustrebt, wenn $N$ gegen Unendlich strebt.

Der Grenzwert der relativen Häufigkeit $h_i$ eines Ereignisses für ein gegen Unendlich strebendes Kollektiv gleicher Einzelversuche ist die **Wahrscheinlichkeit** $P_i$ (probability) dieses Ereignisses:

$$P_i = \lim_{N \to \infty} h_i; \quad 0 \leq P_i \leq 1; \quad \sum P_i = 1 \qquad (5/7)$$

Photonen und Elektronen verhalten sich am Doppelspalt ähnlich den Teilchen im Nagelbrett: Den gleich breiten Fächern des Nagelbrettes entsprechen gleich große Volumsteile d$V$ hinter dem Doppelspalt. Wir können nicht vorhersagen, an welcher Stelle wir ein Elektron nach dem Passieren des Doppelspaltes antreffen werden. Das wissen wir erst, wenn wir ein Elektron tatsächlich am Bildschirm durch einen Lichtblitz beobachtet haben. Warum das Elektron gerade an dieser Stelle eintraf, kann nicht gesagt werden. Das Amplitudenquadrat der am Doppelspalt gebeugten Welle zeigt uns aber, wie sich ein extrem großes Kollektiv von Teilchen nach dem Passieren des Doppelspaltes im Raum verteilen wird. Diese Verteilung können wir also vorhersagen: Ist in einem Volumelement d$V$ die Intensität der den Teilchen zugeordneten Welle (also das Amplitudenquadrat $\psi^2$ der Welle) groß, so werden wir dort relativ viele Teilchen antreffen, es besteht dort große Antreffwahrscheinlichkeit d$P$. Wir nehmen an, daß die Wahrscheinlichkeit, ein Teilchen im Volumelement d$V$ anzutreffen, zum Amplitudenquadrat der den Teilchen zugeordneten Welle **proportional** ist und erachten daher die folgende Grundgleichung als gültig:

$$dP = \psi^2 dV \quad \text{Wahrscheinlichkeit, ein Teilchen im Volumelement } dV \text{ anzutreffen} \quad (5/8)$$

$$\psi^2 = \frac{dP}{dV} \quad \text{heißt } \textbf{Wahrscheinlichkeitsdichte} \quad (5/8a)$$

Wir interpretieren also das jedem Punkt des Wellenfeldes zugeordnete Amplitudenquadrat der den Teilchen zugeordneten Welle als die Wahrscheinlichkeitsdichte, also als die Wahrscheinlichkeit, das Teilchen in der Volumeneinheit anzutreffen. Man nennt diese Wellen daher **Wahrscheinlichkeitswellen**.

Abb. 5/5: ERWIN SCHRÖDINGER (1887–1961, Nobelpreis 1933)

Abb. 5/6: WERNER HEISENBERG (1901–1976, Nobelpreis 1932) (Deutsches Museum, München)

Grundlegend neue Gesetze können nie aus schon bekannten Gesetzen (Gleichungen) mit mathematischer Strenge hergeleitet werden. Die bedeutendsten Fortschritte in der Physik haben immer wieder viel Phantasie und Intuition und die Überwindung konventioneller Vorstellungen erfordert. Gl. (5/8) ist als erster Versuch einer mathematischen Formulierung des Welle-Teilchen-Dualismus zu verstehen. Diese Deutung der den Teilchen zugeordneten Welle als Wahrscheinlichkeitswelle wurde durch die von ERWIN SCHRÖDINGER (1887–1961) (Abb. 5/5) im Anschluß an die Arbeiten DE BROGLIES im Jahre 1926 veröffentlichten Grundzüge einer Wellenmechanik angeregt. Bereits im Jahre 1925 hatte WERNER HEISENBERG (Abb. 5/6) seine in den Ergebnissen gleichwertige Quantenmechanik publiziert.

Daß einzelne Teilchen nicht strengen Gesetzen folgen, daß ihr Verhalten vielmehr dem Zufall unterliegt, schien vielen bedeutenden Physikern einfach unglaublich. EINSTEIN konnte sich sein Leben lang mit diesem Gedanken nicht befreunden. Obwohl er für einen bedeutenden Beitrag zur Quantentheorie des Lichtes mit dem Nobelpreis ausgezeichnet wurde, äußerte er sein Befremden mit der Feststellung: Gott würfelt nicht!

**Aufgaben**

5/1 Wann ist einem Ereignis die Wahrscheinlichkeit $P = 1$ bzw. $P = 0$ zugeordnet?

5/2 Wie groß ist die Wahrscheinlichkeit, ein Teilchen in einem bestimmten Punkt anzutreffen?

5/3 Ein Teilchen ist in einem Würfel von $1\,\text{cm}^3$ Volumen eingeschlossen. Wie groß ist die mittlere Wahrscheinlichkeitsdichte innerhalb des Würfels? Wie groß ist sie außerhalb?

5/4 Warum wäre es nicht sinnvoll, in Gl. (5/8) statt $\psi^2$ nur $\psi$ einzusetzen?

5/5 Bei der Photographie des durch Beugung am Doppelspalt entstehenden Schirmbildes fällt eine Lichtleistung von $0{,}1\,\text{mW}$ während einer Belichtungszeit von $1/100\,\text{s}$ auf den Film. Schätzen Sie ab, wieviele Photonen zum Aufbau des Bildes beigetragen haben! Warum erhält man immer wieder das gleiche Bild?

# 6 Beispiele zur Quantenmechanik

## 6.1 Freie Teilchen

Wir wollen nun an einigen Beispielen zeigen, wie man mit Hilfe des Wellenmodells und des Teilchenmodells das Verhalten von Photonen, Elektronen und anderen Teilchen beschreibt. Dazu betrachten wir einige durchaus bekannte Wellenfelder und interpretieren sie als Wahrscheinlichkeitswellen von Teilchen.

Abb. 6/1 zeigt ein ebenes homogenes Wellenfeld. Die Welle breitet sich genau in der Richtung der $x$-Achse aus. Das bedeutet, daß sich Teilchen genau in Richtung der $x$-Achse bewegen. Die Geschwindigkeits- und Impulskomponenten in den dazu normalen Achsenrichtungen sind also exakt Null ($p_y = p_z = 0$), $\vec{p} = (p_x, 0, 0)$. Die Wellenlänge und damit der Impulsbetrag $|\vec{p}| = |p_x| = \frac{h}{\lambda}$ kann aus dem Wellenfeld genau entnommen werden. Der Impuls

$$\vec{p} = (p_x, 0, 0) = \left(\frac{h}{\lambda}, 0, 0\right)$$

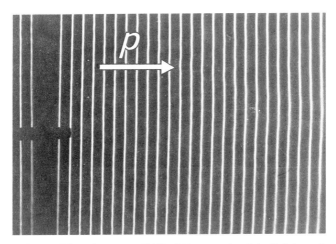

Abb. 6/1: Dieses homogene Wellenfeld veranschaulicht Teilchen, die sich mit konstantem Impuls $\vec{p}$ (also kräftefrei) bewegen.

ist daher völlig scharf bestimmt. Das bedeutet, daß

$$\Delta p_x = \Delta p_y = \Delta p_z = 0$$

ist. Dieses Wellenfeld stellt also Teilchen dar, die sich mit ganz genau definiertem Impuls in der $x$-Richtung bewegen. Aus der Unschärferelation folgt für jede der Ortskoordinaten:

$$\Delta p_x \Delta x \geq h \Rightarrow 0 \cdot \Delta x \geq h \Rightarrow \Delta x \to \infty$$

Die Ortsunschärfe ist also unendlich groß, der Ort jedes Teilchens ist **völlig unbestimmt**.

Tatsächlich ist das Amplitudenquadrat dieser Welle überall gleich groß. Das bedeutet: Wir werden ein Teilchen in einem Volumelement $dV$ überall mit gleicher Wahrscheinlichkeit $dP = \psi^2 dV$ antreffen. Daß hier kein Ort als Aufenthaltsort eines Teilchens bevorzugt ist, ergibt sich also auch **ohne** Kenntnis der Heisenbergschen Unschärferelation aus dem Wellenbild des Teilchens. Da der Impuls der Teilchen konstant ist, ist auch ihre Bewegungsenergie konstant. Es handelt sich also um **freie** Teilchen, deren Impuls und Bewegungsenergie durch keinerlei Kräfte verändert werden.

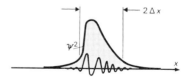

Abb. 6/2: Dieses Wellenpaket gibt die Orts- und Impulskoordinaten $x$ und $p_x$ nur mit einer gewissen Unschärfe an. $y$ ist völlig unbestimmt.

Abb. 6/2 zeigt ein sogenanntes **Wellenpaket,** also einen relativ kurzen Wellenzug, der nach einmaligem Anstoß des Wellenerregers entsteht. Nur im Bereich dieses Wellenpakets ist das Amplitudenquadrat der Welle von Null verschieden, nur dort besteht eine gewisse Wahrscheinlichkeit, das mit einem Impuls $\vec{p}$ in der $x$-Richtung laufende Teilchen anzutreffen. Das Wellenpaket legt die $x$-Koordinate des Teilchens nur mit einer gewissen Unschärfe $\Delta x$ fest. Nach der Unschärferelation ist daher die Impulsunschärfe

$$\Delta p_x \geq \frac{h}{\Delta x}.$$

6.1 *Freie Teilchen*

Da $p = \dfrac{h}{\lambda}$ ist, bedeutet eine gewisse Impulsunschärfe eine gewisse Unschärfe der Wellenlänge. Tatsächlich kann aus dem Bild keine scharf bestimmte Wellenlänge entnommen werden. Man erkennt deutlich, daß die Wellenberge verschieden große Abstände haben. $p_y$ ist exakt Null, $y$ ist daher völlig unbestimmt. Weil das Medium für diese Welle homogen ist, ist die Wellenlänge an allen Orten gleich. Das bedeutet, daß sich der Impuls des Teilchens nicht ändert, daß sich also das Teilchen kräftefrei bewegt. Dieses Wellenfeld stellt also Teilchen dar, die sich frei in der $x$-Richtung bewegen; Ort und Impuls der Teilchen sind mit gewissen Unschärfen bekannt.

In Abb. 6/3 geht ein Wellenpaket von einem Zentrum aus und trifft rechts auf einen Streifen seichteren Wassers. Die Fortpflanzungsgeschwindigkeit der Welle ist dort kleiner, die Wellenlänge also ebenfalls $\left(\lambda = \dfrac{v}{f}, f = \text{const.}, \text{Abb. } 6/3c\right)$. Wir können die de Broglie-Wellenlänge von Teilchen in der Form schreiben:

$$\lambda = \frac{h}{p} = \frac{h}{mv} = \frac{h}{\sqrt{m^2 v^2}} = \frac{h}{\sqrt{\dfrac{2m^2 v^2}{2}}} = \frac{h}{\sqrt{2m E_k}} = \frac{h}{\sqrt{2m(E - E_p)}} \quad (6/1)$$

Darin bedeutet $E_k$ die Bewegungsenergie, $E_p$ die vom Ort in einem Kraftfeld abhängige potentielle Energie und $E = E_p + E_k$ die Gesamtenergie des Teilchens.

Ein Gebiet kleinerer Wellenlänge bedeutet also, daß dort die Teilchen größere Bewegungsenergie und entsprechend kleinere potentielle Energie haben (Abb. 6/3d,e). Jedes Teilchen erfährt also am Beginn dieses Gebietes kleinerer de Broglie-Wellenlänge einen Kraftstoß, der seine Bewegungsenergie erhöht, am Ende dieses Gebietes aber wieder einen gegengleichen Kraftstoß. Das mechanische Modell dafür ist ein Graben, durch den das Teilchen läuft. Nach der klassischen Mechanik heben sich die gegengleichen Kraftstöße auf, das Teilchen wird den „Graben" (das Gebiet verminderter potentieller Energie) stets durchsetzen. Die Wellenmechanik zeigt, daß dies nicht der Fall ist: Die Welle wird in Abb. 6/3a auch teilweise reflektiert. Das bedeutet, daß auch eine gewisse Wahrscheinlichkeit dafür besteht, daß Teilchen am Gebiet kleinerer potentieller Energie (also am Graben) reflektiert werden, ganz im Gegensatz zur Vorhersage der klassischen Mechanik.

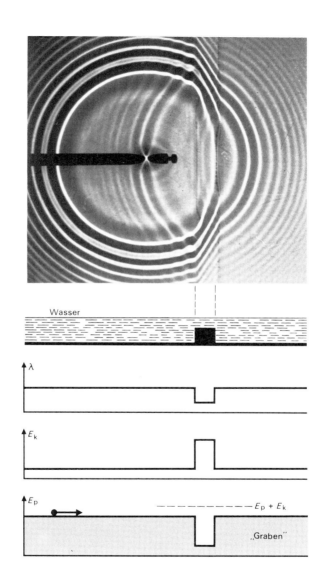

Abb. 6/3: a) Teilweise Reflexion eines Wellenpakets an einem Streifen seichteren Wassers (kleinere Wellenlänge), b) Querschnitt, c) Wellenlänge, d) Kinetische Energie eines Teilchens mit der in c) dargestellten Wellenlänge, e) Potentielle Energie und Gesamtenergie des Teilchens.

6.1 Freie Teilchen  51

## 6.2 Strukturuntersuchung durch Teilchenbeschuß

In Abb. 2/2 läuft eine ebene Welle gegen ein Hindernis, das klein ist gegen die Wellenlänge. In Abb. 2/3 hat dieses Hindernis andere Gestalt. Ganz unabhängig von der Form des Hindernisses wird es zum Zentrum einer Kugelwelle. Das bedeutet: Schießt man Teilchen mit wohldefiniertem Impuls $\vec{p}$ gegen ein Hindernis, mit dem sie in Wechselwirkung treten können (Wechselwirkung ist nicht zwischen allen Teilchen möglich!), so werden sie ganz unabhängig von der Form des Hindernisses nach allen Seiten gleichmäßig gestreut, solange das Hindernis klein gegen die de Broglie-Wellenlänge der Teilchen ist. Die räumliche Verteilung der Teilchen kann durch Zählgeräte festgestellt werden (Abb. 6/4). Praktisch kann das bedeuten: Schießt man mit Elektronen oder Photonen (Röntgenstrahlen) auf eine Materieprobe, so kann Streuung schon an den Hüllenelektronen der Atome erfolgen, weil diese Teilchen mit den Hüllenelektronen in Wechselwirkung treten. Daß die Verhältnisse tatsächlich etwas komplizierter sind, soll uns hier nicht bekümmern. Beschießt man aber die Materieprobe mit Neutronen, so tritt Streuung nur an den Atomkernen ein, weil Neutronen mit Elektronen nicht in Wechselwirkung treten. Sie sind für Neutronen sozusagen blind, sie „sehen" nur die Atomkerne.

Abb. 6/4: Streuung von Teilchen an einem gegen die Wellenlänge sehr kleinen Hindernis. Die räumliche Verteilung der gestreuten Teilchen wird durch ein schwenkbares Zählrohr festgestellt.

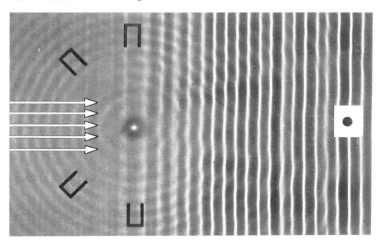

Auch zwei Teilchen werden zum Zentrum einer Elementarwelle, wenn ihr Abstand klein gegen die de Broglie-Wellenlänge der zum Beschuß verwendeten Teilchen ist (Abb. 2/5). Um aus der Verteilung der gestreuten Teilchen zu erkennen, daß es sich um zwei Streuzentren handelt, muß die de Broglie-Wellenlänge der Geschosse kleiner sein als der Teilchenabstand (Abb. 2/6). Man muß also den Impuls $p = \frac{h}{\lambda}$ und demnach die Energie $E = \frac{p^2}{2m}$ der zum Beschuß verwendeten Teilchen um so größer wählen, je feinere Strukturen man erkennen will.

Man beachte, daß das Wellenfeld aus Abb. 2/6 nur das durchschnittliche Verhalten sehr vieler Teilchen beschreibt, durch sein Amplitudenquadrat also angibt, wie die gestreuten Teilchen im Raum verteilt werden. Dieses Wellenfeld erhält man nur, wenn ein zusammenhängender Wellenzug ganz bestimmter Wellenlänge gegen die Teilchen läuft. Das bedeutet: Um die Struktur eines Objektes aus der Verteilung der gestreuten Teilchen zu erkennen, muß man Teilchen gleichen Impulses verwenden.

Wir sehen: Alles, was wir im Abschnitt 2 über die Strukturuntersuchung mit Hilfe von Licht, also über das Auflösungsvermögen optischer Instrumente gesagt haben, gilt wegen der Welleneigenschaften der Teilchen auch für die Strukturuntersuchung durch Teilchenbeschuß. Wären wir ganz konsequent, so dürften wir diese Sprechweise überhaupt nicht mehr benützen: In den optischen Instrumenten verwenden wir als Geschosse Photonen; wenn wir zum Beschuß Elektronen verwenden, nützen wir deren Welleneigenschaften aus. Wellen sind Teilchen und Teilchen sind Wellen. Da gibt es keinen grundsätzlichen Unterschied. Nur aus Gewohnheit machen wir oft einen Unterschied, weil uns bei den einen Objekten die Teilchenstruktur sehr vertraut ist (das sind jene, deren Ruhemasse nicht verschwindet), bei anderen ist uns die Wellenstruktur besser vertraut. Das ist bei der elektromagnetischen Strahlung der Fall, weil es keine ruhenden Lichtquanten gibt und deren Energie und Massenäquivalent meist extrem klein sind.

Die Abstände der Atomkerne in den Molekülen sind von der Größenordnung $10^{-11}$ m. Soll die Struktur von Molekülen (Kristallen) mit Röntgenstrahlen untersucht werden, so müssen Wellenlängen dieser Größenordnung benützt werden. Die Energie der Photonen ist dann:

$$E = hf = \frac{hc}{\lambda} = \frac{7 \cdot 10^{-34} \cdot 3 \cdot 10^8}{10^{-11}} \, J = 2 \cdot 10^{-14} \, J = 10^5 \, eV$$

Die Röntgenröhre muß also mit Spannungen von etwa $10^5$ V betrieben werden. Elektronenstrahlen ergeben die gleiche Grenze des Auflösungsvermögens schon bei einer Energie von etwa 10000 eV (siehe

Gl. (5/3)). Neutronen müßten zur Auflösung von Molekülstrukturen nur eine Mindestenergie

$$E = \frac{p^2}{2m} = \frac{h^2}{2m\lambda^2} = \frac{4,4 \cdot 10^{-67} \cdot 6,2 \cdot 10^{18}}{2 \cdot 1,7 \cdot 10^{-27} \cdot 10^{-22}} \text{eV} = 8 \text{ eV}$$

haben.

Die Radien der Atomkerne sind von der Größenordnung $5 \cdot 10^{-15}$ m. Um Strukturen der Kerne zu erforschen, muß daher die Wellenlänge mindestens um weitere 3 Zehnerpotenzen herabgedrückt werden. Die Energie der Teilchen muß daher um mindestens sechs Zehnerpotenzen gesteigert werden. Die Energie von Elektronen müßte daher schon in der Größenordnung von $10^{10}$ eV liegen, beim Beschuß mit Neutronen und Protonen „genügt" eine Energie von der Größenordnung $10^7$ eV.

Wir sehen: Strukturuntersuchungen im Bereich der Kern- und Teilchenphysik sind nur mit Geschossen extrem hoher Energie möglich. Sie zu liefern ist eine der Aufgaben von Teilchenbeschleunigern. Bis zum Beginn dieses Jahrhunderts wurde Strukturuntersuchung nur mit sichtbarem Licht betrieben, dessen Wellenlängen von der Größenordnung $10^{-7}$ m sind. Kein Mikroskop konnte daher die atomare Struktur der Materie sichtbar machen. Daher blieb die Atomhypothese eine Hypothese. Obwohl sie in der kinetischen Gastheorie und in der Chemie bereits überwältigende Erfolge erzielt hatte, gab es doch kein Experiment, das die Existenz von Atomen unwiderlegbar bewiesen hätte. Es gab daher noch um 1900 entschiedene Gegner der Atomhypothese, die jeden ihrer Vertreter durch die simple Frage in Verlegenheit bringen konnten: Haben Sie schon ein Atom gesehen?

„Sehen" konnte man die atomare Struktur der Materie erst, als man in den Röntgenstrahlen eine Strahlung (Teilchen) genügend kurzer Wellenlänge entdeckt hatte. MAX VON LAUE konnte im Jahr 1912 erstmals Beugung von Röntgenstrahlen an Kristallen beobachten und damit die Gitterstruktur der Kristalle (also ihren Aufbau aus einzelnen Teilchen in regelmäßiger Anordnung) unwiderlegbar beweisen. RUTHERFORD hat als einer der ersten Strukturuntersuchung durch Teilchenbeschuß betrieben und konnte 1911 aus der Streuung von α-Teilchen an dünnen Metallschichten auf die Existenz eines Atomkernes schließen. Aus der Kenntnis der Welleneigenschaften von Teilchen ergab sich fast zwangsläufig die Konstruktion eines Elektronenmikroskops, dessen Auflösungsvermögen um mehr als 3 Zehnerpotenzen über dem des Lichtmikroskops liegt. Damit stand vor allem der Biologie und der Medizin ein Instrument extrem hoher Leistungsfähigkeit zur Verfügung, das eine Fülle wichtigster Forschungsarbeiten möglich machte. In der biologischen Grundlagenforschung der Gegenwart hatte die Strukturuntersuchung kompliziertester Verbindungen mit Röntgenstrahlen besondere Erfolge aufzuweisen: 1953 gelang WATSON und CRICK die Aufklärung der Struktur der DNS (Doppelhelix), 1957 konnte KENDREW die Struktur des Myoglobins und 1963 PERUTZ die Struktur des Hämoglobins aufklären.

## 6.3 Das Elektronenmikroskop

Die Welleneigenschaften der Elektronen machen die Konstruktion des Elektronenmikroskops möglich. Da die de Broglie-Wellenlänge von Elektronen, die mit Spannungen von der Größenordnung $10^4$ V beschleunigt wurden, nur mehr etwa $10^{-11}$ m ist, und damit schon um 4 Zehnerpotenzen unter der Wellenlänge des sichtbaren Lichtes liegt, kann das Elektronenmikroskop ein wesentlich höheres Auflösungsvermögen erreichen.

Abb. 6/5 vergleicht den Aufbau des Lichtmikroskops mit dem ganz analogen Aufbau des Elektronenmikroskops: An die Stelle der Lichtquelle tritt eine Elektronenquelle (Glühkatode). So wie Licht durch Linsen abgelenkt wird, so kann man Elektronen in sogenannten Elektronenlinsen durch elektrische oder magnetische Felder ablenken.

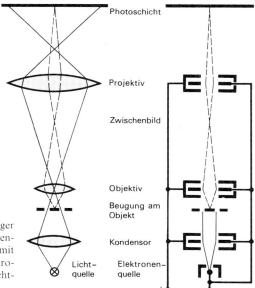

Abb. 6/5: Gleichartiger Aufbau eines Elektronenmikroskops *(rechts)* mit elektrostatischen Elektronenlinsen und eines Lichtmikroskops *(links)*.

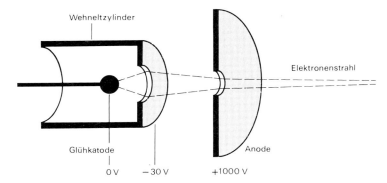

Abb. 6/6: Schnitt durch eine „Elektronenkanone" zur Erzeugung eines fokussierten Elektronenstrahls.

Abb. 6/6 zeigt als einfaches Beispiel einer Elektronenlinse die Wirkungsweise des in vielen Elektronstrahlröhren verwendeten Wehneltzylinders: Der Wehneltzylinder befindet sich gegenüber der Katode auf schwach negativem Potential, die Anode dagegen auf hohem positivem Potential. In Abb. 6/7 ist die potentielle Energie eines Elektrons entlang eines Schnittes durch den Wehneltzylinder in einem Hautmodell dargestellt. Die Höhe entspricht in diesem Modell der potentiellen Energie. Konstante Höhe bedeutet also konstante potentielle Energie (Schnittflächen durch die Metallelektroden). So wie Elektronen im elektrischen Feld zu Stellen höheren Potentials (das bedeutet kleine potentielle Energie)

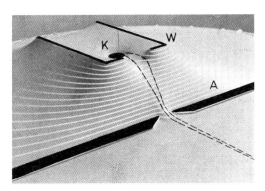

Abb. 6/7: Dieses Gummihautmodell zeigt die elektrische potentielle Energie eines Elektrons in der Schnittebene.

56   6 *Beispiele zur Quantenmechanik*

getrieben werden, so werden in diesem Hautmodell Kügelchen zu Stellen geringerer Höhe getrieben. Die Mulde in der Öffnung des Wehneltzylinders wirkt offenbar wie eine Sammellinse auf die von der Katode ausgehenden Teilchen. Die Wölbung der Gummihaut in der Anodenöffnung wirkt wie eine Zerstreuungslinse. Auf diese Weise werden in den Elektronenstrahlröhren die Elektronen auf dem Bildschirm fokussiert. Die Höhenschichtlinien entsprechen in dieser Geländeform den Äquipotentiallinien des elektrischen Feldes. Abb. 6/8 zeigt in ganz analoger Weise das Hautmodell einer elektrostatischen Sammellinse.

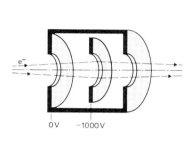
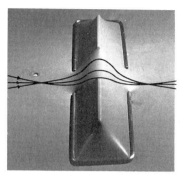

Abb. 6/8: Schnitt durch eine elektrostatische Sammellinse und deren Gummihautmodell.

Moderne Elektronenmikroskope lösen Strukturen bis zu $10^{-10}$ m auf. Sie stellen damit gegen das Lichtmikroskop einen größeren Fortschritt dar, als das Lichtmikroskop gegen das unbewaffnete Auge.
Durch weitere Steigerung der Betriebsspannung (und damit weitere Verkleinerung der Wellenlänge der Elektronen) könnte zwar das Auflösungsvermögen des Elektronenmikroskops grundsätzlich immer weiter gesteigert werden. Technische Schwierigkeiten begrenzen aber die erreichbare Leistungsfähigkeit. Während das Lichtmikroskop durch die hohe Genauigkeit und die große Lichtstärke optischer Linsen fast das theoretisch größtmögliche Auflösungsvermögen erreicht, bleibt das Elektronenmikroskop in seinem Auflösungsvermögen stark unter der Wellenlänge der Elektronen.
Nach Gl. (6/1) ist die Wellenlänge der Teilchen bei gegebener Energie (also bei gegebener Beschleunigungsspannung, $E_k = eU$) um so kleiner, je größer die Teilchenmasse ist. Mit Ionen (z. B. Protonen) anstelle von Elektronen kann daher eine weitere Steigerung des Auflösungsvermögens erzielt werden. Solche Ionenmikroskope erreichen ein Auflösungsvermögen von der Größe der Atomdurchmesser (Abb. 6/9).

6.3 *Das Elektronenmikroskop*

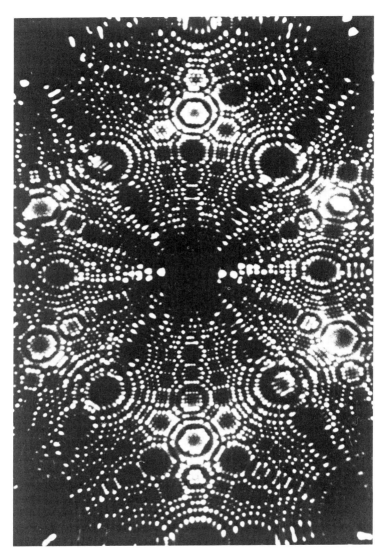

Abb. 6/9: Dieses in einem sogenannten Feldionenmikroskop hergestellte Bild zeigt eine feine Wolframspitze in etwa fünfmillionenfacher Vergrößerung. Dabei wird bereits die regelmäßige Anordnung der Atome im Kristallgitter sichtbar. (Photo USIS)

## 6.4 Gebundene Teilchen

Gebunden ist ein Teilchen, wenn es in seiner Bewegungsfreiheit auf einen bestimmten Aufenthaltsraum eingeschränkt ist. Die Erde ist an die Sonne gebunden, weil ihre Bewegungsenergie nicht ausreicht, um aus dem Gravitationsfeld der Sonne zu entkommen. Die Atome eines Moleküls sind aneinander gebunden. Die Atomelektronen sind durch elektrostatische Kräfte an den Atomkern gebunden. In allen Fragen, die sich mit dem Aufbau der Materie befassen, haben wir es daher mit folgendem Grundproblem zu tun:

**Wie verhält sich ein Teilchen, dem nur ein relativ kleiner Aufenthaltsraum zur Verfügung steht?**

Die wichtigsten Eigenschaften gebundener Teilchen können wir am einfachsten Beispiel demonstrieren: Wir betrachten ein Teilchen der Masse $m$, das sich zwischen zwei festen Wänden im Abstand $d$ kräftefrei bewegen kann (Abb. 6/10). Das Teilchen befindet sich also in einem eindimensionalen Kasten. Die Stöße gegen die Wände sollen völlig elastisch sein. Abb. 6/10b zeigt den Verlauf der potentiellen Energie des Teilchens: Zwischen den Wänden ist $E_p = 0$, an den Wänden steigt die potentielle Energie steil bis ins Unendliche an, weil man extrem große Arbeit braucht, um das Teilchen der starren Wand noch etwas zu nähern.

Nach der klassischen Mechanik kann das Teilchen jede beliebige Bewegungsenergie haben. Ist es elektrisch neutral, so wird es zwischen den Wänden mit unverändertem Geschwindigkeitsbetrag hin- und herpendeln. Es wird sich dabei zwischen den Wänden gleichförmig bewegen. Die Wahrscheinlichkeit, das Teilchen in einem Intervall $dx$ anzutreffen, ist überall gleich groß. Ist das Teilchen aber elektrisch geladen, so bedeutet jeder Stoß gegen eine Wand einen veränderlichen elektrischen Strom und führt damit zur Emission einer elektromagnetischen Strahlung. Das geladene Teilchen wird daher seine Bewegungsenergie bald durch Strahlung verlieren und zur Ruhe kommen.

Die quantenmechanische Beschreibung führt zu einem grundlegend anderen Ergebnis: Daß sich das Teilchen nur zwischen den Wänden aufhalten kann, bedeutet, daß sich die dem Teilchen zugeordnete Wahrscheinlichkeitswelle nur in diesem begrenzten Bereich ausbreiten kann, daß also ihr Amplitudenquadrat außerhalb dieses Bereiches Null ist. Die gleiche Situation besteht bei dem in Abb. 6/11 zwischen zwei festen Enden eingespannten Gummischlauch oder einer Saite. Da auf das Teilchen zwischen den Wänden keine Kraft wirkt, sind sein Impulsbetrag und seine kinetische Energie konstant. Deshalb ist nach Gl. (6/1) auch

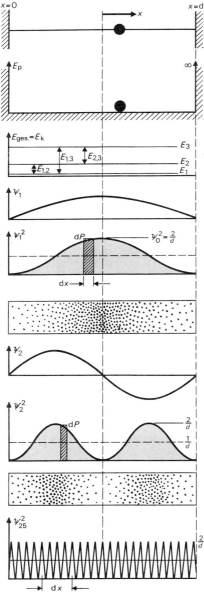

Abb. 6/10:
a) Teilchen zwischen festen Wänden (eindimensionale Box).

b) Zwischen den Wänden ist die potentielle Energie konstant ($F=0$). An den Wänden steigt $E_p$ ins Unendliche.

c) Energieniveauschema; die Bewegungsenergie ist nur diskontinuierlich veränderlich.

d) Wahrscheinlichkeitsamplitude im Grundzustand (Sinuskurve).

e) Wahrscheinlichkeitsdichte im Grundzustand (Sinuskurve mit halber Periodenlänge).

f) Die Punkte deuten an, mit welcher Häufigkeit wir das Teilchen dort antreffen werden.

g) Wahrscheinlichkeitsamplitude im ersten angeregten Zustand (Energie $E_2$, 1 Knoten).

h) Wahrscheinlichkeitsdichte im ersten angeregten Zustand. Die Fläche unter der Kurve hat ebenso wie in Bild e) den Betrag 1.

i) Darstellung der Wahrscheinlichkeitsdichte wie in Bild f).

j) Bei extrem hoher Quantenzahl $n$ wird das Teilchen in jedem Intervall d$x$ gleich häufig angetroffen, wie es die klassische Mechanik verlangt.

6 Beispiele zur Quantenmechanik

die de Broglie-Wellenlänge konstant. Ebenso ist die Wellenlänge im
homogenen Seil in Abb. 6/11 konstant.

**Die dem Teilchen zwischen zwei festen Wänden zugeordneten Wahrscheinlichkeitswellen gleichen völlig den Wellen in einer homogenen Saite, es sind stehende Wellen.**

Es ist charakteristisch für jedes begrenzte Wellenmedium, daß in ihm
solche stehende Wellen auftreten können. Abb. 6/11 zeigt diese Folge
von stehenden Wellen in einem homogenen Gummischlauch (**Grundschwingung, Oberschwingungen**). Man nennt diese Schwingungsformen

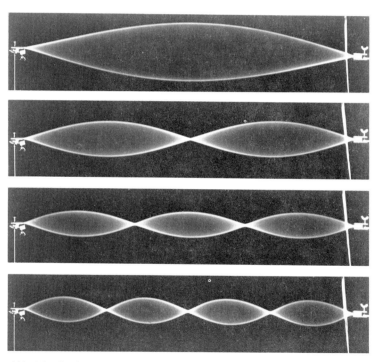

Abb. 6/11: Stationäre Zustände (stehende Wellen) in einem homogenen Gummischlauch; Grundschwingung, erste, zweite und dritte Oberschwingung; rechts
wird zur Anregung der Schwingungen durch einen Gummifaden, der mit einem
Exzenter an einem Motor verbunden ist, eine periodische Kraft ausgeübt.
Zwei beliebige Punkte des Seiles schwingen entweder gleichphasig (zwischen
zwei Knoten) oder gegenphasig (an verschiedenen Seiten eines Knotens).

*6.4 Gebundene Teilchen*

auch **stationäre Zustände,** weil jedem Punkt eine zeitlich unveränderliche Amplitude zugeordnet ist. Der Knotenabstand ist $\frac{\lambda}{2}$. Zwischen zwei festen Enden sind daher stehende Wellen nur mit Wellenlängen $\lambda_n$ möglich, für die gilt:

$$d = \frac{\lambda_n}{2} n \Leftrightarrow \lambda_n = \frac{2d}{n}; \quad \begin{matrix} n=1,2,3,\ldots \textbf{ Quantenzahl} \\ n-1 \text{ Anzahl der Knoten} \end{matrix} \quad (6/2)$$

Da also in den stationären Zuständen für die Wahrscheinlichkeitswellen nur ganz bestimmte Wellenlängen zulässig sind (die Wellenlänge kann nicht kontinuierlich geändert werden!), kann auch der Impulsbetrag des Teilchens nur ganz bestimmte Werte haben:

$$p_n = \frac{h}{\lambda_n} = \frac{h}{2d} n; \quad n=1,2,3,\ldots \textbf{ Impulseigenwerte} \quad (6/3)$$

Daher kann auch die Bewegungsenergie des Teilchens (sie ist die Gesamtenergie, da $E_p = 0$ ist) nur die folgenden Werte annehmen:

$$E_n = \frac{p^2}{2m} = \frac{h^2}{8md^2} n^2; \quad n=1,2,3,\ldots \textbf{ Energieeigenwerte} \quad (6/4)$$

In Abb. 6/10c sind die Energieeigenwerte in einem **Energieniveauschema** dargestellt. Stationäre (also zeitlich unveränderliche) Zustände des Teilchens sind demnach nur bei ganz bestimmten Werten der Energie und des Impulses möglich. Die Energie des Teilchens kann also nicht kontinuierlich verändert werden. Sie kann aber vor allem nicht unveränderlich Null sein, sie hat vielmehr mindestens den Wert:

$$E_1 = \frac{h^2}{8md^2} \quad \begin{matrix} \textbf{Nullpunktsenergie} \\ \textbf{Grundniveau der Energie} \end{matrix} \quad (6/5)$$

Diese Nullpunktsenergie besitzt das Teilchen auch beim absoluten Nullpunkt der Temperatur. Sie hat mit der Temperatur nichts zu tun und rührt einzig davon her, daß das Teilchen auf einen kleinen Raum eingeschränkt ist. Wir kommen zum gleichen Ergebnis, wie durch die Anwendung der Unschärferelation.

Weil das Teilchen nur in bestimmten Energieniveaus verbleiben kann, kann es Energie nur in solchen Portionen aufnehmen oder abgeben, die es von einem zulässigen Energieniveau in ein anderes „heben" oder „senken":

$$E_{i,k} = \frac{h^2}{8md^2} |i^2 - k^2|; \quad i,k=1,2,3,\ldots \text{ zulässige Energieumsätze} \quad (6/6)$$

Abb. 6/10d zeigt die Amplitudenverteilung der de Broglie-Welle im Grundzustand (Grundschwingung, vgl. Abb. 6/11). Abb. 6/10e zeigt das

Amplitudenquadrat $\psi_1^2$, also die Wahrscheinlichkeitsdichte im Grundzustand. Die Wahrscheinlichkeit, das Teilchen im Intervall $dx$ anzutreffen, ist nach Gl. (5/8)

$$dP = \psi_1^2 \, dx$$

und kommt als Flächeninhalt des schraffierten Rechteckstreifens zum Ausdruck. Die Gesamtfläche unter der Kurve gibt daher die Wahrscheinlichkeit dafür an, das Teilchen irgendwo zwischen den Wänden anzutreffen und muß daher 1 sein (Sicherheit). Da sie zudem gleich der Rechteckfläche $\dfrac{d\psi_0^2}{2}$ unter der strichlierten Geraden ist, gilt für die maximale Wahrscheinlichkeitsdichte $\psi_0^2$ an der Stelle $x = \dfrac{d}{2}$:

$$\frac{\psi_0^2}{2} d = 1 \iff \psi_0^2 = \frac{2}{d}$$

In Abb. 6/10f ist die Wahrscheinlichkeitsdichte $\psi_1^2$ durch Schwärzung eines Flächenstreifens dargestellt. Über den tatsächlichen Aufenthaltsort des Teilchens zu einem bestimmten Zeitpunkt kann nichts gesagt werden. Könnten wir das Teilchen sehr oft beobachten, so würden wir es im Grundzustand am häufigsten in der Umgebung von $x = \dfrac{d}{2}$, nur halb so oft in einer ebensogroßen Umgebung von $x = \dfrac{d}{4}, \dfrac{3d}{4}$, aber fast nie in einer ebenso kleinen Umgebung von $x=0$ und $x=d$ antreffen. Die Abb. 6/10g, h, i stellen auf die gleiche Weise den ersten angeregten Zustand des Teilchens dar ($n=2$, 1 Knoten, Energie $E_2$, vgl. Abb. 6/11).
Jeder Zustand des Teilchens wird durch die Angabe der Quantenzahl $n$ eindeutig gekennzeichnet. Wir beschreiben jeden Zustand durch die Angabe der Energie $E_n$ und der Wahrscheinlichkeitsdichte $\psi_n^2$. In einem stationären Zustand sind diese Größen zeitlich **unveränderlich**. Deshalb strahlt ein geladenes Teilchen in diesen Zuständen **keine** elektromagnetische Welle aus, seine Energie wird nicht (wie es die klassische Physik verlangt) durch Strahlung vermindert, das Teilchen kann in diesem Zustand verbleiben. Nur der Übergang von einem stationären Zustand in einen anderen bedeutet eine Veränderung der zur Beschreibung des Teilchens benützten Größen und ist daher ein **nicht** stationärer Vorgang, bei dem das geladene Teilchen Energie in Form von Lichtquanten aufnehmen (**Absorption**) oder abgeben kann (**Emission**). Für die Frequenzen $f_{i,k}$ dieser Strahlung gilt nach Gl. (3/4) und (6/6):

$$f_{i,k} = \frac{E_{i,k}}{h} = \frac{h}{8md^2} |i^2 - k^2| \quad \textbf{Frequenzspektrum} \qquad (6/7)$$

Wegen der Quantisierung der Energie ist das Absorptions- und Emissionsspektrum des Teilchens ein **Linienspektrum**.
Jeder Versuch, über die bisher gegebene Beschreibung des Teilchens durch die Größen $n, p_n, \psi_n^2, E_n$ hinaus eine Bewegung des Teilchens zu beschreiben, führt zu unlösbaren Widersprüchen; z. B.: In Abb. 6/10h treffen wir das Teilchen ebensooft links von $\frac{d}{2}$ wie rechts davon an; wir treffen es aber (fast) nie in der Mitte an. Wie kommt das Teilchen bei konstanter Bewegungsenergie von der linken Hälfte in die rechte Hälfte, ohne jemals die Mitte zu passieren?
In den vorhergehenden Abschnitten haben wir Teilchen behandelt, die nicht an einen bestimmten Aufenthaltsraum gebunden sind. Ihnen entsprechen fortschreitende Wahrscheinlichkeitswellen. Deren Wellenlänge kann jeden Wert annehmen, sie ist also **kontinuierlich** veränderlich. Daher ist auch der Impulsbetrag $p = \frac{h}{\lambda}$ und die Energie freier Teilchen kontinuierlich veränderlich. **Stehende** Wellen sind stationäre Schwingungszustände, die in **begrenzten** Medien auftreten. Sie sind besonders dadurch charakterisiert, daß sie nur bei ganz bestimmten Frequenzen, also mit ganz bestimmten Wellenlängen auftreten können. Alle gebundenen Teilchen haben einen begrenzten Aufenthaltsbereich; ihnen sind daher stehende de Broglie-Wellen zugeordnet. Die wesentlichen Ergebnisse unseres einfachen Beispiels sind daher auf alle diese gebundenen Teilchen übertragbar:

1. Die Bewegungsenergie eines gebundenen Teilchens kann niemals Null sein; das Teilchen hat stets eine gewisse Nullpunktsenergie.
2. Die Energie gebundener Teilchen ist nur diskontinuierlich veränderlich. Das Teilchen kann also Energie nur in bestimmten Portionen aufnehmen oder abgeben. Das Spektrum ist ein Linienspektrum.
3. Es gibt nur eine diskrete Menge stationärer Zustände, in denen das gebundene Teilchen auch dann verbleiben kann, wenn es elektrisch geladen ist.

**Aufgaben**

6/1 Ergänzen Sie Abb. 6/3 durch die Wellenstrahlen und beschreiben Sie die dem Wellenfeld entsprechende optische Anordnung! Wie verhält sich Licht in dieser Anordnung?

6/2 Die Wellenamplituden $\psi_1$ und $\psi_2$ in Abb. 6/10 werden durch die Gleichung $\psi_n = \psi_0 \sin k_n x$ dargestellt. Bestimmen Sie $k_n$, $\psi_1^2$ und $\psi_2^2$!

6/3 Die Abb. 7/4 zeigen ebenso wie die Abb. 6/11 ein Modell der stationären Zustände eines Teilchens zwischen zwei festen Wänden. Beschreiben Sie die Situation dieses Teilchens und stellen Sie die folgenden Größen qualitativ in Skizzen dar:
  a) Kraft
  b) Potentielle Energie
  c) $\psi_1^2$, $\psi_2^2$, $\psi_3^2$.

6/4 Wann werden die Energieniveaus eines Teilchens zwischen zwei festen Wänden so eng beieinander liegen, daß benachbarte Energieniveaus kaum mehr voneinander unterscheidbar sind? Wie erscheint uns die Energie des Teilchens dann?

6/5 Berechnen Sie die Nullpunktsenergie eines Teilchens von 0,01 g Masse zwischen zwei Wänden im Abstand $d = 1$ cm! Wie groß ist die Mindestgeschwindigkeit des Teilchens?

## 6.5 Quantenmechanik und klassische Mechanik

Wir haben bereits eingesehen, daß sich die klassische Mechanik niemals als völlig falsch erweisen kann. Durch die Entdeckung der Welleneigenschaften von Teilchen wird der Gültigkeitsbereich der klassischen Mechanik nur eingeschränkt. Wir haben uns daher mit der Frage zu befassen:

**Wann gilt die klassische Mechanik? Wann ist sie unbrauchbar?**
**Wann geht die Quantenmechanik in die klassische Mechanik über?**

a) Nach der klassischen Mechanik können alle Größen gleichzeitig mit jeder gewünschten Genauigkeit gemessen werden. Nach der Quantenmechanik gilt die Unschärferelation:

$$\Delta x \Delta p \geq h \iff \Delta x \Delta(mv) \geq h \iff \Delta x \Delta v \geq \frac{h}{m}$$

Messen wir den Ort eines Teilchens in einem Lichtmikroskop sehr genau, so müssen wir mit einer Unschärfe von der Größenordnung der Lichtwellenlänge rechnen, es ist also $\Delta x = 10^{-7}$ m. Die Messung der Geschwindigkeit des Teilchens muß dann eine Mindestunschärfe

$$\Delta v = \frac{h}{m\Delta x} = \frac{6{,}6 \cdot 10^{-34}}{10^{-7}} \frac{1}{m} = 6{,}6 \cdot 10^{-27} \frac{1}{m}$$

haben. Für ein sehr kleines makroskopisches Teilchen mit einer Masse von etwa $10^{-9}$ kg kann also der Fehler in der Geschwindigkeitsmessung grundsätzlich nicht unter etwa $7 \cdot 10^{-18} \frac{m}{s}$ herabgedrückt werden. Das ist ohne praktische Bedeutung, weil die durch technische Mängel der Meßmethoden bedingten Meßfehler um viele Zehnerpotenzen größer sind.

Für ein Elektron, dessen Ort ebenfalls mit einer Unschärfe von $10^{-7}$ m gemessen wird, kann aber die Geschwindigkeit nur mit einer Mindestunschärfe

$$\Delta v = 6{,}6 \cdot 10^{-27} \frac{1}{10^{-30}} \frac{m}{s} = 6{,}6 \cdot 10^{3} \frac{m}{s}$$

gemessen werden. Sie liegt weit über den durch technische Mängel bedingten Meßfehlern. Bei der Messung an Mikroteilchen ist die Heisenbergsche Unschärferelation eine echte Schranke der Meßgenauigkeit.

**Die Heisenbergsche Unschärferelation gilt zwar grundsätzlich im gesamten Bereich der Physik. Sie ist aber bei Messungen an makroskopischen Körpern ohne Bedeutung.**

b) Nach der klassischen Mechanik bewegen sich Teilchen auf wohldefinierten Bahnen. Nach der Quantenmechanik treten an Öffnungen und Hindernissen Beugungserscheinungen auf; über das Verhalten eines Teilchens können nur Wahrscheinlichkeitsangaben gemacht werden.

Abb. 6/12 zeigt oben die extrem starke Beugung von Wellen an Öffnungen und Hindernissen, die klein gegen die Wellenlänge sind. Die Beugung ist noch beträchtlich, wenn diese Öffnungen und Hindernisse von der Größenordnung der Wellenlänge sind. Die für Wellen charakteristischen Beugungserscheinungen verschwinden um so mehr, je größer die beugenden Objekte gegen die Wellenlänge sind. Sind sie extrem groß, so kann man die Beugung vernachlässigen. Die Welle folgt dann dem geometrischen Gang der Wellenstrahlen. In der Optik bedeutet das: Wir dürfen statt der Wellenoptik mit guter Näherung geometrische Optik betreiben, wenn alle Öffnungen und Hindernisse groß gegen die Lichtwellenlänge sind. Man kann dann genau vorhersagen, daß sich die Photonen ungestört durch die Öffnung oder am Hindernis vorbeibewegen werden. Sie verhalten sich wie die Teilchen in der klassischen Mechanik. Das gilt für beliebige Teilchen: Wenn ihre de Broglie-Wellenlänge gegen alle beugenden Objekte extrem klein ist, wird auch die Beugung vernachlässigbar klein. Alle Teilchen durchlaufen dann bei gleichen Versuchsbedingungen die gleiche Bahn, wie es die klassische Mechanik verlangt.

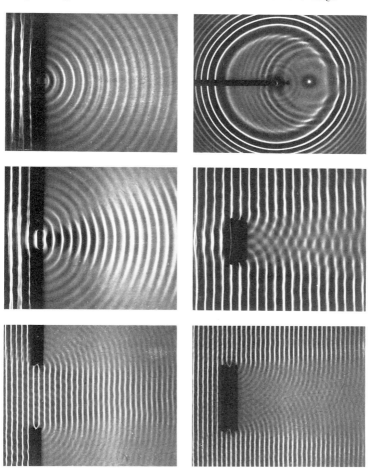

Abb. 6/12: Verhalten von Wellen an Öffnungen und Hindernissen zunehmender Größe *(von oben nach unten)*. Sie demonstrieren den Übergang von der Wellenoptik (Quantenmechanik) zur geometrischen Optik (zur klassischen Mechanik).

Mit welcher Genauigkeit eine solche Teilchenbahn angebbar ist, veranschaulicht Abb. 6/12 (unten, links): Die gegen die Öffnung laufende ebene Welle bedeutet, daß Teilchen mit gleichem Impuls $\vec{p}$ gegen die Öffnung laufen. Ein scharf begrenztes ebenes Wellenbündel kann nur entstehen, wenn seine Breite sehr groß gegen die Wellenlänge ist. Das bedeutet: Ein gut paralleles Lichtbündel, ein Strahl von Teilchen mit wohldefiniertem gleichem Impuls muß eine Mindestbreite haben, die ein relativ großes Vielfaches der Wellenlänge ist. M. a. W.: Die Bahn von Teilchen läßt sich nur mit einer Unschärfe angeben, die ein großes Vielfaches der Wellenlänge ist.

**Beispiele**

1. Nach Gl. (5/3) haben mit einer Spannung von 100 V beschleunigte Elektronen eine Wellenlänge von $10^{-10}$ m. Blenden und Hindernisse, wie sie in Elektronröhren vorkommen, haben eine Größenordnung 1 mm. Sie liegen also um 7 Zehnerpotenzen über der Wellenlänge; die Beugung ist extrem klein und daher fast immer vernachlässigbar. Ein Elektronenstrahl von nur 0,01 mm Durchmesser hat noch immer einen Durchmesser von 100000 Wellenlängen. Solche Strahlen sind also herstellbar. Daher kann man in Fernsehröhren und Elektronenmikroskopen recht scharfe Elektronenstrahlen erzeugen. Die Elektronen verhalten sich an solchen makroskopischen Objekten also wie klassische Teilchen.
Wenn dagegen diese Elektronen auf eine Kristallfolie mit einer Gitterkonstante von nur $0,2$ nm $= 2 \cdot 10^{-10}$ m treffen, ist die Beugung für das Ergebnis entscheidend. Jetzt muß das Verhalten der Teilchen mit der Quantenmechanik beschrieben werde, die Welleneigenschaften der Teilchen sind jetzt ganz wesentlich.

2. Wir betrachten ein makroskopisches Teilchen; es sei $m = 1$ g und $v = 10 \frac{m}{s}$. Dann ist die de Broglie-Wellenlänge:

$$\lambda = \frac{h}{p} = \frac{6,6 \cdot 10^{-34}}{10^{-3} \cdot 10} \text{ m} = 7 \cdot 10^{-30} \text{ m}$$

Wir sehen: Selbst wenn wir ganz andere im Bereich der Makrophysik vorkommende Werte für Masse und Geschwindigkeit gewählt hätten, ergeben sich extrem kleine de Broglie-Wellenlängen. Daher können Teilchenbahnen im Bereich der Physik makroskopischer Körper immer **grundsätzlich** mit einer Genauigkeit angegeben werden, die weit über jeder erreichbaren Meßgenauigkeit liegt. Zudem sind die de Broglie-Wellenlängen makroskopischer Teilchen gegen die Abmessungen aller Objekte so extrem klein, daß

Beugungserscheinungen praktisch völlig verschwinden. Jedes makroskopische Teilchen beschreibt also bei gegebenen Versuchsbedingungen die gleiche Teilchenbahn, das Verhalten jedes einzelnen Teilchens (nicht nur des Kollektivs!) ist daher genau vorhersagbar.

Wir kommen also zu folgendem Ergebnis:

Wenn alle beugenden Objekte extrem groß gegen die de Broglie-Wellenlänge sind, sind die Beugungserscheinungen vernachlässigbar; wir dürfen dann statt der Wellenoptik die Strahlenoptik (geometrische Optik) und statt der Quantenmechanik die klassische Mechanik benützen. Die Wellenlängen von makroskopischen Teilchen sind stets extrem klein; ihre Bahnen sind daher mit fast unbegrenzter Genauigkeit angebbar und genau vorhersagbar.

c) Nach der klassischen Mechanik ist die Energie von Teilchen stets kontinuierlich veränderlich, kann also auch bei gebundenen Teilchen jeden Wert annehmen. Nach der Quantenmechanik sind Energie und Impuls von gebundenen Teilchen nur diskontinuierlich veränderlich, können also nur ganz bestimmte Werte annehmen. Nach Gl. (6/4)

$$E_n = \frac{h^2}{8md^2} n^2 = E_1 \cdot n^2$$

wird die Nullpunktsenergie $E_1$ und damit der Abstand der Energieniveaus des gebundenen Teilchens um so kleiner, je größer der Aufenthaltsbereich $d$ und die Masse $m$ des Teilchens sind. Aufgabe (6/5) ergibt, daß die Nullpunktsenergie eines Teilchens von 0,01 g Masse zwischen Wänden im Abstand $d = 1$ cm nur mehr $5 \cdot 10^{-59}$ J $= 3 \cdot 10^{-40}$ eV ist. Sie ist unvorstellbar klein, also praktisch Null. Die Energieniveaus liegen daher so eng beisammen, daß jede Unterscheidung zwischen benachbarten Niveaus unmöglich ist. Die Energie erscheint uns daher kontinuierlich veränderlich, wie es die klassische Physik annimmt.

Das makroskopische, gebundene Teilchen befindet sich also auch bei sehr kleiner Bewegungsenergie in einem Zustand extrem hoher Quantenzahl $n$. Abb. 6/10j stellt die Wahrscheinlichkeitsdichte in einem solchen Zustand relativ hoher Quantenzahl $n$ dar. Die Wahrscheinlichkeit d$P$, das Teilchen in einem Intervall der Breite d$x$ anzutreffen, ist überall (fast) gleich groß, wenn in diesem Intervall sehr viele Perioden der Wahrscheinlichkeitsdichte liegen. Das war aber genau die Vorhersage der klassischen Mechanik. Die aus der

Quantenmechanik folgende Wahrscheinlichkeitsdichte nähert sich also um so besser den Erwartungen der klassischen Mechanik, je höher die Quantenzahl ist. Für makroskopische Teilchen ist die Quantenzahl stets extrem groß; sie folgen also auch hier stets der klassischen Mechanik. Aber auch das Verhalten von Mikroteilchen nähert sich um so besser den Erwartungen der klassischen Mechanik, in einem je höheren angeregten Zustand sie sich befinden.

Für sehr hohe Quantenzahlen gehen die Aussagen der Quantenmechanik auch für gebundene Teilchen in die Erwartungen der klassischen Mechanik über. Makroskopische Teilchen befinden sich stets in einem Zustand sehr hoher Quantenzahl, ihre Nullpunktsenergie ist stets verschwindend klein, ihre Energie ist stets kontinuierlich veränderlich.

Trotz der grundlegenden Unterschiede zwischen Quantenmechanik und klassischer Mechanik können wir daher zusammenfassend feststellen:

Die Quantenmechanik gilt grundsätzlich im gesamten Bereich der Physik. Sie geht aber für makroskopische Teilchen in die klassische Mechanik über. Die klassische Mechanik ist daher eine für die Beschreibung des Verhaltens makroskopischer Teilchen ausreichende Näherung der Quantenmechanik. Zur Beschreibung des Mikrokosmos ist aber die Quantenmechanik unerläßlich; dort führt die klassische Mechanik zu völlig falschen Aussagen.

**Aufgaben**

6/6 Ein Elektronenstrahl ($E = 10\,\text{keV}$) geht durch eine Spaltblende von 1 mm Breite. Unter welchem Winkel erscheint das erste Beugungsminimum? (Dieser Winkel ist ein Maß dafür, wie stark der Strahl durch Beugung verbreitert wird, wie stark also die Elektronen vom Verhalten klassischer Teilchen abweichen.)

6/7 In welchem Energieniveau befindet sich ein Teilchen von 1 g Masse, das zwischen zwei festen Wänden mit einem Abstand $d = 1\,\text{cm}$ mit einer Geschwindigkeit von $1\,\frac{\text{m}}{\text{s}}$ hin- und herpendelt? Welchen Abstand hat das nächsthöhere Energieniveau?

6/8 Wie groß müßte $h$ etwa sein, damit uns die Welleneigenschaften von Teilchen aus alltäglicher Erfahrung geläufig wären?

## 6.6 Das Teilchen in der Schachtel

Wir nehmen nun an, daß ein Teilchen der Masse $m$ in einem festen Quader mit Kantenlängen $X, Y, Z$ eingeschlossen und dort kräftefrei ist (Abb. 6/13). Wir erweitern damit das in Abschnitt 6.4 behandelte Beispiel auf drei Raumdimensionen.

Nach dem Unabhängigkeitsprinzip der Bewegungen können sich in diesem Quader ohne gegenseitige Störung stehende Wellen in der $x$-Richtung, der $y$-Richtung und der $z$-Richtung ausbilden, wenn gilt:

$$\lambda_x = \frac{2X}{a} \quad \text{und} \quad \lambda_y = \frac{2Y}{b} \quad \text{und} \quad \lambda_z = \frac{2Z}{c} \quad \begin{array}{l} a,b,c = 1,2,\dots \\ \text{Quantenzahlen} \end{array}$$

Daher sind nur folgende Beträge der Impulskomponenten zulässig:

$$p_x = \frac{h}{\lambda_x} = \frac{h}{2X} a; \quad p_y = \frac{h}{2Y} b; \quad p_z = \frac{h}{2Z} c$$

Die zulässigen Energieeigenwerte sind daher:

$$E_{a,b,c} = \frac{p^2}{2m} = \frac{p_x^2 + p_y^2 + p_z^2}{2m} = \frac{h^2}{8m} \left( \frac{a^2}{X^2} + \frac{b^2}{Y^2} + \frac{c^2}{Z^2} \right) \qquad (6/8)$$

Zur Kennzeichnung eines stationären Zustandes sind jetzt drei Quantenzahlen $a, b, c$ nötig. Für den Würfel ist $X = Y = Z$ und es gilt (Abb. 6/13e):

$$E_{a,b,c} = \frac{h^2}{8mX^2} (a^2 + b^2 + c^2); \quad a,b,c = 1,2,3,\dots \qquad (6/9)$$

$$E_{1,1,1} = \frac{3h^2}{8mX^2} \quad \text{Grundniveau, Nullpunktsenergie} \qquad (6/10)$$

Das auf kleinem Raum eingesperrte Teilchen besitzt also wieder eine gewisse Nullpunktsenergie; darüberhinaus ist die Energie nur stufenweise (also nicht kontinuierlich) veränderlich.

In Abb. 6/13a ist der Grundzustand $\psi_{1,1,1}$ schematisch dargestellt. Im Grundzustand haben alle Quantenzahlen den kleinstmöglichen Wert 1, es treten keine Knoten auf. Diesem Zustand ist umkehrbar eindeutig die Nullpunktsenergie $E_{1,1,1}$ zugeordnet. Die Abb. 6/13b,c,d zeigen die Zustände mit den Quantenzahlen (1,1,2), (1,2,1) und (2,1,1). Diesen verschiedenen Zuständen ist beim Würfel nach Gl. (6/9) dieselbe Energie $E_{1,1,2} = E_{1,2,1} = E_{2,1,1}$ zugeordnet, weil sich beim Vertauschen der Quantenzahlen die Energie nicht ändert. Diesem Energieniveau sind also drei verschiedene stationäre Zustände zugeordnet. Man nennt dieses Energieniveau daher dreifach **entartet**; 3 ist der **Entartungsgrad**.

Ursache der Entartung ist die hohe Symmetrie des Würfels. Sie bewirkt, daß sich beim Vertauschen der Quantenzahlen in Gl. (6/9) die Energie nicht ändert. Sobald man diese Symmetrie etwas stört, indem man statt des Würfels einen Quader mit wenig verschiedenen Kantenlängen wählt, ergeben sich nach Gl. (6/8) beim Vertauschen der Quantenzahlen verschiedene, aber ziemlich eng beisammenliegende Energieniveaus (Abb. 6/13f).

**Beispiel**

Ein Elektron sei in einem Quader mit Kantenlängen $X = 90$ pm, $Y = 100$ pm, $Z = 110$ pm eingeschlossen.

$$E_{1,1,1} = \frac{h^2}{8m}\left(\frac{1}{X^2} + \frac{1}{Y^2} + \frac{1}{Z^2}\right) = 115 \text{ eV}$$

Analog ergibt sich:

$E_{1,1,2} = 208$ eV, $\quad E_{1,2,1} = 228$ eV, $\quad E_{2,1,1} = 254$ eV
$E_{1,2,2} = 254$ eV, $\quad E_{2,1,2} = 321$ eV, $\quad E_{2,2,1} = 348$ eV

Durch die Störung der Symmetrie entsteht also eine größere Vielfalt von Energieniveaus. Die entarteten Energieniveaus des Teilchens im Würfel werden in relativ eng beisammenliegende Energieniveaus aufgespalten. Die möglichen Energieumsätze des Teilchens zeigen jetzt eine weit größere Vielfalt. Für ein elektrisch geladenes Teilchen bedeutet das: Während bei ungestörter hoher Symmetrie nur wenige weit auseinanderliegende Spektrallinien auftreten, zeigt bei gestörter Symmetrie das Spektrum eine große Vielfalt von Spektrallinien durch Aufspaltung. Vor allem aber können jetzt durch Übergänge zwischen den eng benachbarten Energieniveaus Lichtquanten wesentlich geringerer Frequenz absorbiert oder emittiert werden.

**Aufgaben**

6/9  Ein Elektron befindet sich in einem Würfel, dessen Kantenlänge 100 pm ungefähr dem Durchmesser des H-Atoms gleicht. Berechnen Sie die vier niedersten Energieeigenwerte in eV (vgl. Abb. 6/13e)!

6/10 Ein Teilchen der Masse $m$ „liegt" in einem oben offenen würfelförmigen Behälter mit der Kantenlänge $d$. Schätzen Sie ab, wann das Teilchen trotz der Schwerkraft $\left(g = 10 \frac{\text{m}}{\text{s}^2}\right)$ nicht im Behälter verbleiben wird!

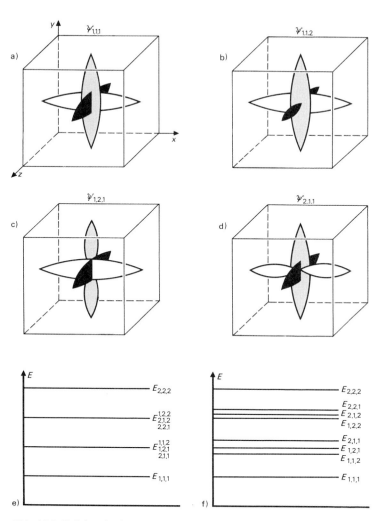

Abb. 6/13: Teilchen in der Box
a) Schematische Darstellung des Grundzustandes. b) c) d) Die drei möglichen ersten angeregten Zustände; im Würfel ist ihnen gleiche Energie zugeordnet (Bild e), im Quader nicht (Bild f).
e) Energieniveauschema bei gleichen Kantenlängen (Entartung).
f) Energieniveauschema bei wenig verschiedenen Kantenlängen (keine Entartung).

# 7 Das Wasserstoffatom

## 7.1 Das Energieniveauschema des Wasserstoffatoms

Wenn man Gase von niederem Druck zum Leuchten anregt (z. B. in einer Gasentladungsröhre), so senden sie ein Linienspektrum aus. Das bedeutet, daß die Gasatome Energie nur in ganz bestimmten Quanten $E = hf$ abstrahlen. Umgekehrt absorbieren Gase aus einem kontinuierlichen Spektrum in ganz engen Frequenzbereichen; auch das Absorptionsspektrum ist ein Linienspektrum. Die Fraunhoferschen Linien im Sonnenspektrum sind dafür ein bekanntes Beispiel. Das bedeutet, daß die Gasatome Strahlungsenergie auch nur in ganz bestimmten Quanten aufnehmen.

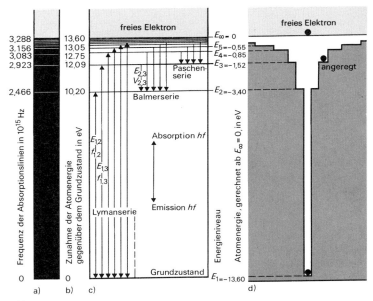

Abb. 7/1:
a) Absorptionsspektrum des H-Atoms,
b) Energie absorbierbarer Lichtquanten,
c) Zulässige Energieniveaus des H-Atoms (Energieniveauschema),
d) schematische Darstellung der Verhältnisse durch einen „Energietopf".

Abb. 7/1 zeigt links das Absorptionsspektrum des Wasserstoffs. Es besteht aus einer Folge von Absorptionslinien, an die sich ein Bereich **kontinuierlicher** Absorption anschließt. Alle Absorptionslinien liegen bereits im Ultraviolettbereich, für sichtbares Licht ist daher Wasserstoff völlig durchlässig.

Aufgrund der Quantentheorie des Lichtes können aus den Frequenzen der Absorptionslinien die Energiewerte der absorbierten Lichtquanten berechnet werden. Sie sind ebenfalls in Abb. 7/1b eingetragen. Durch Absorption eines Lichtquants wird das Wasserstoffatom aus dem Grundzustand in einen Zustand höherer Energie versetzt. Daß nur Licht ganz bestimmter Frequenzen absorbiert wird, zeigt also, daß das Wasserstoffatom seine Energie nur stufenweise ändern kann, daß die Energie dieses aus einem Proton und einem Elektron bestehenden Systems nicht kontinuierlich verändert werden kann. Eine solche kontinuierliche Energieaufnahme ist erst bei Energien über 13,6 eV möglich. Durch diese Mindestenergie wird das Atomelektron vom Atom getrennt, diese Energie ist die **Ionisierungsenergie**. Das vom Atom getrennte Elektron (also das ungebundene Elektron) kann beliebige Energie aufnehmen. Seine Energie ist also nicht mehr quantisiert.

Da Wasserstoff etwa von Zimmertemperatur nicht strahlt, also offenbar keine Energie abgeben kann, müssen sich seine Atome in einem Zustand geringstmöglicher Energie befinden. Diesen Zustand nennen wir den **Grundzustand.** Um das im Grundzustand befindliche Wasserstoffatom zu ionisieren, um also aus diesem gebundenen System zwei ungebundene Teilchen herzustellen, ist eine Mindestenergie von 13,6 eV nötig. Diesen freien ruhenden Teilchen ordnen wir die Energie Null zu. Im Grundzustand hat daher das Wasserstoffatom eine Energie $E_1 = -13{,}6$ eV. Wir stellen sie in Abb. 7/1c durch eine horizontale Gerade dar. Aus dem Absorptionsspektrum können alle weiteren zulässigen Energieniveaus $E_2, E_3, \ldots$ ermittelt werden. Sie sind in Abb. 7/1c in einem **Energieniveauschema** dargestellt. In Abb. 7/1d sind die Verhältnisse durch einen Stufentopf veranschaulicht: Das Atomelektron kann sich nur auf einer dieser Energiestufen aufhalten, dazwischen ist ein Verbleiben ausgeschlossen.

Aus dem Energieniveauschema können alle zulässigen Energieänderungen des Wasserstoffatoms und damit alle Frequenzen der im Emissions- oder Absorptionsspektrum auftretenden Spektrallinien ermittelt werden: Befinden sich alle Atome im Grundzustand, so kann keine Strahlung emittiert werden, Energiequanten der Größe

$$E_{i,1} = E_i - E_1 \quad \text{und somit Licht der Frequenzen} \quad f_{i,1} = \frac{E_{i,1}}{h}$$

können absorbiert werden. Diese Spektrallinien bilden die **Lymanserie**.

Dadurch gelangen Atome in höhere Energieniveaus, in sogenannte **angeregte Zustände**. Befinden sich genügend viele Atome in angeregten Zuständen, so treten dadurch neue Möglichkeiten der Absorption auf; es kann jetzt aber auch durch direkten oder stufenweisen Rückfall ins Grundniveau Strahlung emittiert werden. Anregung kann durch Absorption von Strahlung, durch Stöße seitens geladener Teilchen in Gasentladungen oder durch Zusammenstöße infolge der Molekularbewegung bei genügend hoher Temperatur erfolgen. Nach Abb. 7/1c kann die Vielfalt der Spektrallinien zu Serien zusammengefaßt werden. Nur Spektrallinien der Balmerserie liegen im sichtbaren Spektralbereich.

In der Frage des Aufbaues der Atome stand die Physik nun am Beginn dieses Jahrhunderts folgenden Tatsachen gegenüber: Aus dem Quantenmodell des Lichtes und der Tatsache, daß die Spektren der Atome Linienspektren sind, folgt, daß die Energie der Atome nur bestimmte Energiestufen annehmen kann, also nicht kontinuierlich veränderlich ist. RUTHERFORD hatte durch Beschießungsversuche festgestellt, daß kleine Geschosse (α-Teilchen, Elektronen) im allgemeinen hunderte von Atomen ohne wesentliche Ablenkung durchsetzen können. Er schloß daraus auf einen Aufbau der Atome aus einem sehr kleinen positiven Kern, der fast die gesamte Atommasse enthält, und einer Hülle aus negativen Teilchen (Elektronen). Er nahm an, daß die Hüllenelektronen wie Planeten um den Kern kreisen, so daß der elektrischen Anziehung zwischen dem positiven Kern und den negativen Elektronen durch die Fliehkraft das Gleichgewicht gehalten wird. Da dieses **Rutherfordsche Atommodell** auch heute noch die populärste Vorstellung vom Aufbau der Atome ist, wollen wir uns klar machen, daß dieses Modell tatsächlich keine der wesentlichen Atomeigenschaften verständlich machen kann:

Das um den Kern kreisende Elektron ist ständig beschleunigt. Jede Beschleunigung einer elektrischen Ladung führt aber zur Emission von elektromagnetischer Strahlung. Röntgenstrahlen werden auf diese Weise erzeugt, indem man Elektronen schnell abbremst. Das Atomelektron müßte also auf Kosten seiner Energie ständig strahlen und bald in den Kern stürzen. Tatsächlich strahlen die Atome im Grundzustand nicht und sind stabil.

Das nach Art eines Planetensystems aufgebaute Atom wäre gegen Stöße, wie sie infolge der Wärmebewegung ständig vorkommen, äußerst empfindlich und müßte bald zerstört werden. Tatsächlich sind die Atome sehr stabile Gebilde, die solchen Zusammenstößen (bei nicht zu hoher Temperatur) in der Regel standhalten.

In dem als Planetensystem gedachten Atom sind für die Elektronen alle Bahnradien zulässig; keiner davon ist ausgezeichnet. Das bedeutet: Die Atome eines Elements haben in diesem Modell keinen bestimmten Radius. So wie ein Erdsatellit umsomehr Energie erfordert, je größer sein Bahnradius ist, so müßte auch die Energie der Atomelektronen mit wachsendem Bahnradius kontinuierlich steigen. Es gäbe also keinen ausgezeichneten Grundzustand mit einer wohldefinierten Energie. All das widerspricht der Erfahrung: Tatsächlich ist zur Ionisation des Wasserstoffatoms eine ganz bestimmte Energie von 13,6 eV nötig. Die Bindungsenergie und damit das Energieniveau im Grundzustand hat also einen wohldefinierten Wert. Die Energie ist auch nicht kontinuierlich veränderlich, das Wasserstoffatom kann nur Lichtquanten ganz bestimmter Energie absorbieren. Tatsächlich haben alle Atome recht gut definierte Radien; das folgt aus der Tatsache, daß man Flüssigkeiten und Festkörper kaum zusammendrücken kann und sie eine wohldefinierte Dichte haben.

NIELS BOHR (Nobelpreis 1922) hat 1913 versucht, die Mängel des Rutherfordschen Atommodells durch die Hinzunahme von Quantisierungsbedingungen zu beheben. Ohne tiefere Begründung und in bewußtem Gegensatz zur klassischen Physik verlangte er, daß nur gewisse Bahnradien zulässig sein sollten, sodaß sich auch nur ganz bestimmte zulässige Energieniveaus ergeben. Trotz gewaltiger Erfolge blieb auch dieses **Bohrsche Atommodell** unbefriedigend, weil kein Grund für die Quantisierung angegeben werden konnte und manche Widersprüche zur Erfahrung bestehen blieben. Das Wasserstoffatom bleibt in diesem Modell ein Scheibchen; tatsächlich kann durch Versuche gezeigt werden, daß es sich wie eine Kugel verhält.

Erst die Quantenmechanik konnte diese Probleme in befriedigender Weise lösen. Das können wir ohne genauere Behandlung einsehen: Das an den Atomkern durch elektrostatische Kräfte gebundene Elektron hat (wie das Teilchen in der Schachtel) nur einen beschränkten Aufenthaltsraum. Die solchen gebundenen Teilchen zugeordneten Wahrscheinlichkeitswellen sind also auf einen engen Bereich begrenzt und daher stehende Wellen mit ganz bestimmten möglichen stationären Zuständen, denen wieder ganz bestimmte Energieeigenwerte entsprechen. Die Quantisierung der Energie ist also eine für alle gebundenen Systeme charakteristische Eigenschaft. Diese Quantisierung der Energie macht auch die Stabilität der gebundenen Systeme sofort verständlich: Energien, die nicht ausreichen, das System aus dem Grundzustand ins nächsthöhere Energieniveau zu heben, bleiben wirkungslos. Energien, die kleiner sind als die Ionisierungsenergie, zerstören das System nicht.

Um den Aufbau der Atome tatsächlich zu verstehen, werden wir also versuchen müssen, ein quantenmechanisches Atommodell zu entwickeln.

## 7.2 Das quantenmechanische Atommodell

Das Wasserstoffatom besteht aus einem Proton als Kern mit einer positiven Elementarladung $e$ und einem Elektron mit einer negativen Elementarladung $-e$. Wir haben zuerst die Frage zu beantworten:

**Wie ist der Grundzustand des Wasserstoffatoms beschaffen?**

Der Grundzustand eines Systems ist immer der Zustand **kleinstmöglicher** Energie. Das Elektron besitzt im elektrischen Feld des Kerns einerseits potentielle Energie:

$$E_\mathrm{p} = -eU = -\frac{e^2}{4\pi\varepsilon_0 r} \tag{7/1}$$

In Abb. 7/2b ist diese potentielle Energie dargestellt. Das Nullniveau ist im Unendlichen gewählt, dem freien Elektron wird also die potentielle Energie Null zugeordnet. Infolge der elektrischen Anziehung durch den Kern sollte das Elektron dem Kern möglichst nahe kommen. Wir können die Kurven der potentiellen Energie in Abb. 7/2b als Schnitt durch einen „Energietopf" auffassen, in den das Elektron möglichst tief hineinzufallen bestrebt ist. Nach der klassischen Mechanik wäre der Zustand kleinstmöglicher Energie erreicht, wenn das Elektron dem Kern am nächsten ist, wenn es also in den Kern gestürzt ist. Das Elektron müßte sich ebenso verhalten wie ein Körper in der Umgebung der Erde, der seine geringste Energie erreicht hat, wenn er auf die Erde gestürzt ist und dort zur Ruhe kommt. Dieser Körper ist ebenso durch Gravitation an die Erde gebunden (man braucht Energie, um ihn von ihr zu entfernen), wie das Elektron durch elektrische Kräfte an den Atomkern gebunden ist.

Nach der klassischen Mechanik kann das Elektron in den Kern stürzen und dort **ruhend** verbleiben. Nach der Quantenmechanik ist das unmöglich: Schränkt man den Aufenthaltsbereich des Elektrons auf eine Entfernung $r$ ein, legt man seine Kernentfernung also mit einer Unschärfe $\Delta r = r$ fest, nimmt man also an, daß das Elektron sich **vorwiegend** in dieser Kernumgebung aufhält, so kann der Impuls (und damit die Bewegungsenergie) des Elektrons **nicht** Null sein. Nach der Unschärferelation muß das Produkt aus Orts- und Impulsunschärfe den **Mindestwert**

$$\Delta p \cdot \Delta r = \frac{h}{2\pi}$$

haben. Wir dürfen daher den Ort des Elektrons nur mit einer gewissen Unschärfe angeben:

$$r = 0 + \Delta r = \Delta r.$$

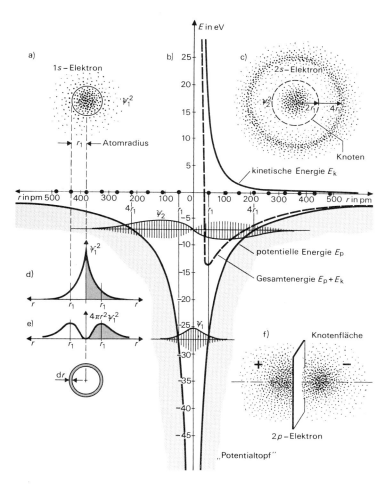

Abb. 7/2: Quantenmechanisches Modell des H-Atoms
a) Wahrscheinlichkeitsdichte im Grundzustand,
b) Potentielle Energie, Bewegungsenergie und Gesamtenergie des Atomelektrons,
c) Wahrscheinlichkeitsdichte im 2s-Zustand,
d) Wahrscheinlichkeitsdichte im Grundzustand, bezogen auf gleiche Volumina,
e) Wahrscheinlichkeitsdichte im Grundzustand, bezogen auf Kugelschichten gleicher Dicke dr,
f) Wahrscheinlichkeitsdichte im 2p-Zustand; das Vorzeichen deutet die gegengleiche Amplitude dieses antisymmetrischen Zustandes an.

7.2 *Das quantenmechanische Atommodell* 79

Diese Ortsunschärfe $\Delta r$ gibt den Entfernungsbereich an, in dem sich das Elektron vorwiegend aufhält (Abb. 7/1a) und kann als Radius des H-Atoms im Grundzustand bezeichnet werden. Nach Gl. (6/5) wird die Bewegungsenergie (die Nullpunktsenergie) im Grundzustand um so größer, auf je kleineren Raum man ein Teilchen einschränkt. Macht man den Radius des H-Atoms kleiner, so gewinnt man zwar potentielle Energie (Abb. 7/2b), das Atomelektron erfordert aber dann größere Bewegungsenergie (Nullpunktsenergie). Da der Grundzustand der Zustand kleinstmöglicher Energie ist, wird das System also jenen Radius (jenen Aufenthaltsbereich des Elektrons) annehmen, bei dem die Summe aus potentieller und kinetischer Energie (also die Gesamtenergie $E$) ein Minimum hat.

Nach der Unschärferelation hat das Produkt aus der Orts- und Impulsunschärfe des Elektrons den Mindestwert:

$$\Delta p \Delta r = \frac{h}{2\pi}. \qquad (4/5)$$

Was für $r$ gilt, gilt in gleicher Weise für $p$; so wie wir die Ortsunschärfe $\Delta r$ als Atomradius $r$ im Grundzustand interpretiert haben, so können wir die Impulsunschärfe $\Delta p$ als den Mindestimpuls $p$ (als den Impulsbetrag im Grundzustand) interpretieren. Es gilt daher für die Mindestwerte von $r$ und $p$:

$$pr = \frac{h}{2\pi} \iff p = \frac{h}{2\pi r} \implies E_k = \frac{p^2}{2m_e} = \frac{h^2}{8\pi^2 m_e r^2}. \qquad (7/2)$$

In Abb. 7/2b ist diese Bewegungsenergie dargestellt. Sie rührt keineswegs von irgendeiner Kreisbewegung des Elektrons um den Atomkern her, sondern ist einzig durch die Einschränkung des Elektrons auf einen Entfernungsbereich $r$ vom Kern bedingt.

Die in Abb. 7/2b ebenfalls dargestellte Gesamtenergie des Elektrons

$$E = E_k + E_p = \frac{h^2}{8\pi^2 m_e r^2} - \frac{e^2}{4\pi\varepsilon_0 r} \qquad (7/3)$$

hat für $r = r_1$ ein Minimum. Es existiert also ein ausgezeichneter Aufenthaltsbereich, für den die Gesamtenergie am kleinsten und daher das System stabil ist. Man findet $r_1$, indem man Gl. (7/3) differenziert und $\frac{dE}{dr} = 0$ setzt. Das ergibt (rechnen Sie nach!):

$$r_1 = \frac{h^2 \varepsilon_0}{\pi e^2 m_e} = \frac{6{,}626^2 \cdot 10^{-68} \cdot 8{,}854 \cdot 10^{-12}}{\pi \, 1{,}602^2 \cdot 10^{-38} \cdot 9{,}11 \cdot 10^{-31}} \, \text{m} = 5{,}29 \cdot 10^{-11} \, \text{m}. \qquad (7/4)$$

Dieser Wert stimmt mit dem experimentell bestimmbaren Radius des Wasserstoffatoms überein.
Indem wir $r_1$ in Gl. (7/3) einsetzen, finden wir die Energie im Grundzustand (rechnen Sie nach!):

$$E_1 = \frac{h^2}{8\pi^2 m_e r_1^2} - \frac{e^2}{4\pi\varepsilon_0 r_1} = -\frac{e^4 m_e}{8h^2 \varepsilon_0^2} \qquad (7/5)$$

$$E_1 = -2,18 \cdot 10^{-18} \text{J} = -13,6 \text{ eV}.$$

Sie stimmt mit dem aus dem Wasserstoffspektrum experimentell bestimmbaren Wert (Abb. 7/1) genau überein. Wir erkennen wieder die große Tragweite der Unschärferelation: Mit ihrer Hilfe konnten wir ein in seiner strengen mathematischen Behandlung schon sehr kompliziertes Problem zwar nicht ganz exakt, dafür aber sehr einfach behandeln. Sie hat unsere Erkenntnismöglichkeiten keineswegs eingeschränkt, sondern vielmehr durchaus richtige Vorhersagen ermöglicht.

Zur vollständigen Beschreibung des Wasserstoffatoms müssen wir nun die dem Elektron zugeordnete Wahrscheinlichkeitsdichte, also das Amplitudenquadrat der stehenden Wahrscheinlichkeitswellen angeben. Auch das läßt sich in Modellversuchen gut veranschaulichen: Das elektrische Feld des Atomkerns ist dreidimensional und kugelsymmetrisch. Wir betrachten als Modell die stationären Zustände einer zweidimensionalen kreissymmetrischen Membran (Abb. 7/3 und 7/4):

Der Grundzustand ist kreissymmetrisch, es gibt keine Knotenlinie. Wir bezeichnen diesen Zustand auch als **1 s-Zustand**. Die Hauptquantenzahl $n=1$ kennzeichnet den Grundzustand und gibt die Anzahl der Knoten an (Knotenanzahl $= n-1 = 0$). s steht für sphärisch (d. h. kugelförmig, hier kreissymmetrisch).

Die Abb. 7/3b und 7/4b zeigen die erste kreissymmetrische Oberschwingung. Sie hat eine Knotenlinie, wir ordnen ihr die Hauptquantenzahl $n=2$ zu und bezeichnen sie auch als **2 s-Zustand**. Die Abb. 7/3c und 7/4c zeigen den 3 s-Zustand, also die zweite kreissymmetrische Oberschwingung. Sie hat 2 Kreise als Knotenlinien.

Neben diesen kreissymmetrischen Zuständen können aber auch sogenannte antisymmetrische Schwingungszustände auftreten. Die Abb. 7/3d und 7/4d zeigen den sogenannten 2p-Zustand: Die Hauptquantenzahl $n=2$ gibt an, daß 1 Knotenlinie auftritt, das Zeichen p steht für „plane" (eben), weil die Knotenlinie jetzt eine Gerade ist, der im dreidimensionalen Raum eine Ebene entspricht.

Zur Kennzeichnung eines bestimmten stationären Zustandes eines eindimensionalen Mediums genügt eine Quantenzahl $n$, die die Anzahl der Knotenpunkte $n-1$ angibt (Abb. 6/11 und Abb. 7/5). Um einen Schwingungszustand der zweidimensionalen Membran zu charakterisieren, muß zusätzlich zur Hauptquantenzahl $n$ (also zusätzlich zur Anzahl

a) 1s-Zustand  $n=1$

b) 2s-Zustand  $n=2$

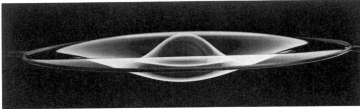

c) 3s-Zustand  $n=3$

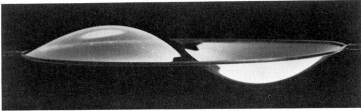

d) 2p-Zustand  $n=2$

Abb. 7/3: Stationäre Zustände einer homogenen Kreismembran (Seifenhaut); von oben nach unten: 1s-, 2s-, 3s-, 2p-Zustand. Mit einer genügend großen Membran ($d \approx 60$ cm) können diese Schwingungen freihändig angeregt werden.

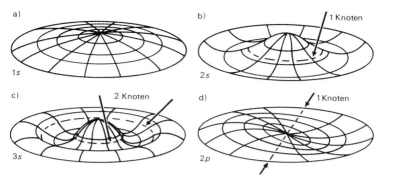

Abb. 7/4: Zeichnungen der stationären Zustände einer Kreismembran; die Knotenlinien sind eingezeichnet.

der Knotenlinien $n-1$) noch durch ein zweites Zeichen (dazu kann eine zweite Zahl, eine sogenannte Nebenquantenzahl, oder ein Buchstabe dienen) die Art der Knotenlinien (Kreis oder Gerade) angegeben werden. Bereits im Abschnitt 6.6 haben wir gesehen, daß man zur Kennzeichnung eines stationären Zustandes im dreidimensionalen Fall drei Quantenzahlen benötigt. Das wird daher auch beim Wasserstoffatom nötig sein.
Wir haben bisher stehende Wellen in homogenen Medien betrachtet; darin ist die Wellenlänge vom Ort unabhängig. Nach Gl. (6/1) ist die Wellenlänge der Wahrscheinlichkeitswellen vom Ort unabhängig, wenn die potentielle Energie des Teilchens konstant ist, wenn es also im gegebenen Aufenthaltsraum kräftefrei ist. Die potentielle Energie des Atomelektrons ist aber nicht konstant, sie nimmt mit wachsender Entfernung vom Kern zu, die Bewegungsenergie nimmt dabei ab. Die Wellenlänge des Elektrons nimmt daher mit wachsender Kernentfernung zu.
Abb. 7/5 zeigt diese Situation in einem eindimensionalen Modell: Ein Seil zwischen zwei festen Enden ist in der Mitte dicker, die Wellenlänge ist dort kleiner. Die Verhältnisse sind zwar jetzt mathematisch schwieriger, aber nicht grundsätzlich anders: Eine stehende Welle kann nur entstehen, wenn im gegebenen Bereich 0, 1, 2, ... Knoten liegen, wenn in ihm also 1, 2, 3, ... „mittlere" halbe Wellenlängen Platz finden. Ebenso wie im homogenen Seil ist jeder dieser stationären Zustände durch eine Quantenzahl $n$ (also durch die Anzahl der Knotenpunkte $n-1$) eindeutig gekennzeichnet. Der Grundzustand ist stets jener, der keine Knoten aufweist.
Unsere Modelle hatten immer feste Enden, an denen das Amplitudenquadrat der Wellen verschwinden muß. Dem entsprechen Teilchen, die

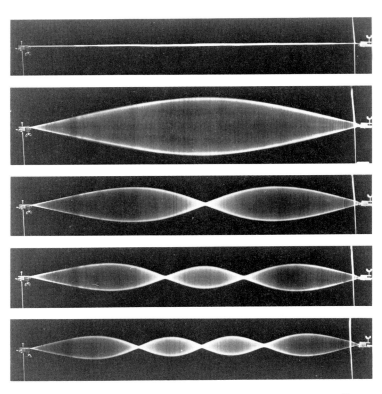

Abb. 7/5: Stationäre Zustände eines inhomogenen eindimensionalen Mediums; von oben nach unten: ruhendes Seil, Grundschwingung, erste, zweite und dritte Oberschwingung.

durch feste Wände gebunden sind, an denen die potentielle Energie extrem steil ins Unendliche steigt. Die potentielle Energie des Atomelektrons steigt nur allmählich an, das Atomelektron ist sozusagen durch weiche Wände gebunden, an denen die dem Teilchen zugeordnete Wahrscheinlichkeitswelle nur allmählich reflektiert wird, so daß das Amplitudenquadrat der Wahrscheinlichkeitswellen mit wachsender Kernentfernung nur allmählich verebbt. Der Aufenthaltsbereich des Atomelektrons ist daher nicht scharf begrenzt.

Alle diese Komplikationen machen zwar die Berechnung der Wahrscheinlichkeitsdichte des Atomelektrons mathematisch sehr schwierig, sie ändern aber nichts am grundsätzlichen Sachverhalt:

Dem Wasserstoffatomelektron ist eine stehende Wahrscheinlichkeitswelle mit ganz bestimmten möglichen stationären Zuständen zugeordnet. Es sind daher auch nur ganz bestimmte Energieeigenwerte möglich.

In Abb. 7/2b ist die mit $\psi_1$ bezeichnete Amplitudenverteilung für den Grundzustand angedeutet. Dieser Zustand entspricht dem Grundzustand der Kreismembran (Abb. 7/3a und 7/4a). Die stehende Welle reicht über den Atomradius $r_1$ hinaus, ihre Amplitude verschwindet nur allmählich. In Abb. 7/2d ist die Wahrscheinlichkeitsdichte $\psi_1^2$ auf Grund mathematischer Berechnungen dargestellt. Abb. 7/2a zeigt einen ebenen Schnitt durch diese kugelsymmetrische Wahrscheinlichkeitsdichte des Elektrons im Grundzustand durch Schwärzung an.

Der Verlauf von $\psi_1^2$ könnte zu der irrtümlichen Annahme führen, daß sich das Atomelektron am häufigsten in einer sehr kleinen Umgebung des Atomkerns aufhält. Wir müssen hier beachten: Die Wahrscheinlichkeitsdichte $\psi_1^2$ vergleicht die Wahrscheinlichkeiten $dP = \psi_1^2 dV$, das Elektron in gleichen Volumsteilen $dV$ anzutreffen, wenn diese verschiedene Entfernungen vom Kern haben. Wollen wir aber die Frage beantworten: In welchem Entfernungsbereich $dr$ wird das Elektron am häufigsten angetroffen?, so müssen wir dazu die Größe

$$dP = \psi_1^2 dV = \psi_1^2 \cdot 4\pi r^2 dr$$

bilden. Sie vergleicht die Wahrscheinlichkeiten, mit denen wir das Elektron in Kugelschichten gleicher Dicke $dr$ antreffen werden, wenn diese verschiedenen Radius $r$ haben (Abb. 7/2e). Für $r=0$ ist zwar $\psi_1^2$ groß, es ist aber $dV = 4\pi r^2 dr = 0$. Das Elektron wird also (fast) nie in einer sehr kleinen Kernumgebung $dr$ angetroffen. Für $r = r_1$ hat $\psi_1^2 4\pi r^2$ ein Maximum; in einer Kugelschicht mit dem Radius $r_1$ und der gleichen Dicke $dr$ werden wir das Elektron am häufigsten antreffen.

In Abb. 7/2c ist ein Schnitt durch die kugelsymmetrische Wahrscheinlichkeitsdichte des Atomelektrons im $2s$-Zustand dargestellt. Er entspricht dem $2s$-Zustand der Kreismembran (Abb. 7/3b und Abb. 7/4b). In diesem Zustand besteht eine kugelförmige Knotenfläche. Dem $2p$-Zustand der Kreismembran entspricht der in Abb. 7/2f dargestellte $2p$-Zustand des Atomelektrons. Hier tritt eine Ebene als Knotenfläche auf. Dieser Zustand ist antisymmetrisch; die Wahrscheinlichkeitswelle hat beiderseits der Knotenebene entgegengesetztes Vorzeichen der Amplitude.

Wie man nun die Atomradien $r_n$ und die Energieniveaus $E_n$ in den angeregten Zuständen findet, wollen wir ebenfalls nur durch eine einfache Überlegung plausibel machen: Für den Grundzustand haben wir nach Gl. (7/2)

$$p_1 = \frac{h}{2\pi r_1} \iff \frac{h}{p_1} = 2\pi r_1 \iff \lambda_1 = 2\pi r_1$$

gesetzt und dabei e i n e halbe Wellenlänge (0 Knoten) im Aufenthaltsraum des Elektrons untergebracht, die Wellenlänge war gleich dem Atomumfang. Im Zustand $\psi_n$ müssen wir $n$ halbe Wellenlängen im Aufenthaltsraum unterbringen und daher die Wellenlänge auf den $n$-ten Teil verkleinern:

$$\lambda_n = \frac{2\pi r_n}{n} \iff \frac{h}{p_n} = \frac{2\pi r_n}{n} \iff p_n = \frac{hn}{2\pi r_n}$$

Das bedeutet, daß wir einfach in allen für den Grundzustand gefundenen Gleichungen $h$ durch $nh$ ersetzen müssen, um die entsprechenden Gleichungen für die angeregten Zustände zu finden. Statt Gl. (7/4) und (7/5) gilt daher:

$$r_n = \frac{h^2 n^2 \varepsilon_0}{\pi e^2 m_e} = r_1 n^2; \quad n = 1, 2, 3, \ldots \tag{7/6}$$

$$E_n = -\frac{e^4 m_e}{8 h^2 \varepsilon_0^2} \cdot \frac{1}{n^2} = \frac{E_1}{n^2} = -\frac{13{,}6\,\text{eV}}{n^2}; \quad n = 1, 2, 3, \ldots \tag{7/7}$$

$$E_1 = -13{,}6\,\text{eV}; \quad E_2 = -3{,}40\,\text{eV}; \quad E_3 = -1{,}52\,\text{eV}; \ldots$$

Diese Energieniveaus stimmen tatsächlich mit den aus dem Spektrum des Wasserstoffs experimentell bestimmbaren Energieniveaus überein.
Allen diesen Energieniveaus sind stationäre Zustände (stehende Wahrscheinlichkeitswellen) zugeordnet, in denen das Atom nicht strahlt. Nur beim Übergang aus einem Energieniveau $E_i$ in ein Energieniveau $E_k$, also beim Übergang von einem stationären Zustand in einen anderen stationären Zustand wird Strahlung absorbiert oder emittiert. Alle im Emissions- und Absorptionsspektrum möglichen Frequenzen von Spektrallinien lassen sich daher in der Form schreiben:

$$f_{i,k} = \frac{|E_i - E_k|}{h} = \frac{e^4 m_e}{8 h^2 \varepsilon_0^2} \left| \frac{1}{i^2} - \frac{1}{k^2} \right| = f_\text{H} \left| \frac{1}{i^2} - \frac{1}{k^2} \right|. \tag{7/8}$$

$$f_\text{H} = 3{,}288 \cdot 10^{15}\,\text{s}^{-1} \quad \textbf{Rydbergfrequenz} \tag{7/9}$$

Aus der Serienformel Gl. (7/8) ergeben sich für $i = 1$ und $k \geq 2$ die Frequenzen der Lymanserie (Abb. 7/1), für $i = 2$ und $k \geq 3$ ergeben sich die Frequenzen der Balmerserie.
Die Spektren der Atome lieferten der Physik eine Fülle von Informationen über die Atome. Schon vor der Jahrhundertwende gelang es, die Vielfalt dieser Linien zu Serien zusammenzufassen und ihre Frequenzen durch die Serienformel Gl. (7/8) darzustellen. Die klassische Physik vermochte aber keine Erklärung für das Zustandekommen dieser Spektren

zu geben. Aus der Quantenmechanik ergeben sich aber alle Eigenschaften des H-Atoms zwanglos:
Das H-Atom im Grundzustand (1s-Zustand) ist kugelsymmetrisch und hat einen wohldefinierten Radius $r_1$. Aus Abb. 7/2b erkennt man, daß jede Verkleinerung des Bereiches $r_1$, in dem das Atomelektron sich vorwiegend aufhält, mit steil ansteigender Energie verbunden ist (strichlierte Kurve). Jede Verkleinerung des Atomradius erfordert viel mehr Bewegungsenergie (Nullpunktsenergie) als man potentielle elektrische Energie dabei gewinnt. Das Atom widersetzt sich also jeder Verkleinerung heftig, es verhält sich wie ein ziemlich festes Kügelchen. Die nach der Quantenmechanik unerläßliche Nullpunktsenergie verhindert also, daß das Elektron in den Kern stürzt und dort verbleibt. Setzt man in Gl. (7/3) für $r$ den Kernradius (etwa $10^{-15}$ m) ein, so erhält man:

$$E = E_k + E_p = 1500 \cdot 10^6 \text{ eV} - 0,3 \cdot 10^6 \text{ eV} = 1,5 \cdot 10^9 \text{ eV}$$

Das bedeutet: Schränkt man den Aufenthaltsraum des Elektrons auf den Kernradius ein, so wird nur eine elektrische Energie von 0,3 MeV frei, man muß aber 1500 MeV zur Deckung der erhöhten Bewegungsenergie zuführen. Das Elektron kann also nie von selbst in den Kern stürzen und dort verbleiben. Um das zu verhindern, mußten wir keinerlei Kreisbahnen des Elektrons annehmen, die das Rutherfordsche Atommodell in Widerspruch zur Elektrodynamik bringen.
Die Quantenmechanik ergibt einen stationären Grundzustand des Atoms, also einen Zustand, in dem alle zur Beschreibung des Atoms angegebenen Größen zeitlich unveränderlich sind. Es tritt daher keine elektromagnetische Strahlung im Grundzustand auf, das Atom kann unbegrenzt lange in diesem Zustand verbleiben. Schließlich erklärt die Quantenmechanik die Stabilität des Atoms durch die Quantisierung der Energie: Störungen, die nicht mindestens die zur Anregung in ein höheres Energieniveau nötige Energie aufbringen, können das Atom überhaupt nicht verändern. Das trifft z. B. für die durch die Wärmebewegung verursachten Zusammenstöße bei Zimmertemperatur (fast) immer zu.
Beim Teilchen im Kasten haben wir gesehen, daß einem bestimmten Energieniveau mehrere stationäre Zustände zugeordnet sein können, wenn der Kasten hohe Symmetrie aufweist (Würfel). Diese Entartung der Energieniveaus tritt wegen der extrem hohen Symmetrie des kugelsymmetrischen Kernfeldes auch beim Wasserstoffatom auf. Wir haben ja bereits gesehen, daß es z. B. bei der Kreismembran zwei Zustände mit je einer Knotenlinie gibt (2s-Zustand bzw. 2p-Zustand). Beiden Zuständen ist die Hauptquantenzahl $n = 2$ zugeordnet. Im Grundzustand kann das nicht passieren, weil es keine Knotenlinie gibt. Es kann

daher auch keine Zustände mit verschiedenen Knotenlinien geben. Ganz ähnlich verhält es sich beim Wasserstoffatom:
Der Grundzustand ist nicht entartet. Die Hauptquantenzahl ist $n=1$ ($n-1=0$ Knoten). Dem Energieniveau $E_1$ ist nur der kugelsymmetrische $1s$-Zustand zugeordnet.
Die Hauptquantenzahl $n=2$ und das Energieniveau $E_2$ ist allen Zuständen mit einer Knotenfläche zugeordnet. So wie bei der Kreismembran im ersten angeregten Zustand die Knotenlinie ein Kreis oder eine Gerade sein konnte ($2s$-Zustand bzw. $2p$-Zustand), so kann beim Wasserstoffatom diese Knotenfläche eine Kugelfläche ($2s$-Zustand) oder eine Ebene sein ($2p$-Zustand). Während aber die kugelförmige Knotenfläche im $2s$-Zustand im Raum keine Orientierung haben kann, kann die Knotenebene des $2p$-Zustandes in einem gegebenen Achsenkreuz verschieden orientiert sein (Abb. 7/6). Man unterscheidet daher:

$2p_x$-Zustand; die Knotenebene ist zur $x$-Achse normal;
$2p_y$-Zustand; die Knotenebene ist zur $y$-Achse normal;
$2p_z$-Zustand; die Knotenebene ist zur $z$-Achse normal.

Dem Energieniveau $E_2$ sind daher $4=n^2$ verschiedene stationäre Zustände zugeordnet ($2s$, $2p_x$, $2p_y$, $2p_z$).

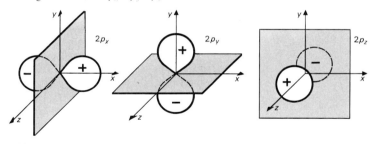

Abb. 7/6: $2p$-Zustände eines Atomelektrons (schematisch).

Bei den höheren angeregten Zuständen werden die Verhältnisse noch etwas komplizierter, weil neben Kugelflächen und Ebenen auch noch Doppelkegel als Knotenflächen auftreten. Die für $n=2$ gefundene Regel zur Berechnung des Entartungsgrades (also der Anzahl verschiedener Zustände mit derselben Hauptquantenzahl $n$) bleibt aber gültig:

Jedem Energieniveau $E_n$ sind $n^2$ verschiedene stationäre Zustände mit gleich vielen Knotenflächen zugeordnet.

Experimentelle Untersuchungen zeigen zudem, daß sich das Elektron wie ein kleiner magnetischer Dipol verhält, der im Magnetfeld nur

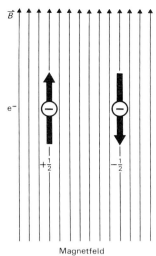

Abb. 7/7: Das Elektron kann im Magnetfeld nur zwei verschiedene Orientierungen annehmen. Ähnlich wie die Quantenmechanik nur bestimmte Energiewerte gebundener Teilchen zuläßt, sind nur bestimmte Richtungen für das Dipolmoment des Elektrons zulässig.

zwei verschiedene Orientierungen (parallel und antiparallel) einnehmen kann (Abb. 7/7). Man sagt: **Das Elektron besitzt einen Spin.** Zur vollständigen Beschreibung des Atomelektrons führt man daher noch eine sogenannte **Spinquantenzahl** $s$ ein. Entsprechend den beiden möglichen Orientierungen des Elektronenspins kann sie nur zwei Werte annehmen, nämlich $+\frac{1}{2}$ und $-\frac{1}{2}$. Eine Begründung dafür können wir hier nicht geben. Dadurch wird die Anzahl der einem Energieniveau $E_n$ zugeordneten verschiedenen Zustände des Elektrons verdoppelt, weil in jedem der $n^2$ verschiedenen stationären Schwingungszustände dem Elektron entweder die Spinquantenzahl $+\frac{1}{2}$ oder $-\frac{1}{2}$ zugeordnet werden kann.

Im Energieniveau $E_n$ kann das Wasserstoffatomelektron $2n^2$ verschiedene Zustände annehmen:

Grundzustand: $n=1$, $2n^2=2$
1. angeregter Zustand: $n=2$, $2n^2=8$
2. angeregter Zustand: $n=3$, $2n^2=16$

Wir haben die Existenz des Elektronenspins hier einfach als eine experimentell feststellbare Tatsache zitiert. Eine theoretische Behandlung ist nur mit Hilfe einer relativistischen Quantenmechanik möglich. Die Vorstellung ist naheliegend, daß das Elektron wie ein Kreisel rotiert und dadurch zu einem kleinen Magnet wird. Einer genaueren Behandlung hält diese Vorstellung aber nicht stand.

7.2 Das quantenmechanische Atommodell

**Aufgaben**

7/1 Warum kann in den s-Zuständen der Kreismembran und des H-Atoms im Mittelpunkt nie ein Knoten sein? Warum muß dort stets ein Schwingungsbauch sein?

7/2 Berechnen Sie mit Hilfe der Serienformel die vier niedersten Frequenzen der Balmerserie des H-Atoms! Welche entsprechen Spektrallinien im sichtbaren Bereich?

7/3 Warum ist Wasserstoff bei Zimmertemperatur farblos und durchsichtig?

7/4 Welche Energie wäre nötig, um den Radius eines Wasserstoffatoms um 10% zu verkleinern? Das Ergebnis gilt größenordnungsmäßig auch für andere Atome. Schätzen Sie ab, welcher Druck daher nötig ist, um das Volumen von dicht gepackter Materie (Festkörper, Flüssigkeiten) um 30% zu verkleinern!

7/5 Welche freie Weglänge muß ein Elektron in einer Gasentladung bei einer elektrischen Feldstärke von 5000 $\frac{V}{m}$ mindestens durchlaufen, um ein H-Atom ionisieren zu können?

7/6 Welchen Zuständen des H-Atomelektrons entsprechen die in Abb. 7/5 dargestellten stationären Zustände? Beachten Sie ihre Symmetrieeigenschaften!

## 7.3 Das Ausschließungsprinzip

Alle Atome bestehen aus einem Kern und einer Elektronenhülle. Ist $Z$ die Ordnungszahl eines Elements im Periodensystem, so enthält der Kern des Atoms $Z$ Protonen und die Hülle $Z$ Elektronen. Wir versuchen nun, uns mit Hilfe der bisher gewonnenen Kenntnisse über Quantenmechanik eine Vorstellung vom Aufbau der Atome höherer Ordnungszahl zu machen:

Höhere Ordnungszahl bedeutet höhere Kernladung $Q = Ze$. Durch größere Kernladung werden aber die Hüllenelektronen stärker zum Kern gezogen; das bedeutet ein Absinken des Atomradius, festere Bindung, höhere Ionisierungsenergie. In Gl. (7/4) ist $e^2$ das Produkt $e \cdot e$ aus der Kernladung und der Elektronenladung beim Wasserstoff-

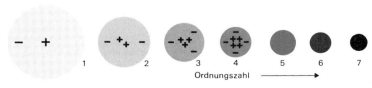

Abb. 7/8: Atome ohne Pauliverbot.

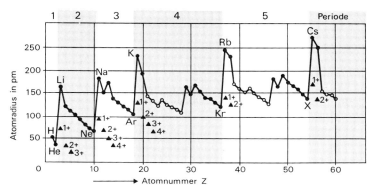

Abb. 7/9: Radien der kugelförmig angenommenen Atome; helle Kreise deuten unsichere Werte an. Die Dreiecke geben die Radien von Ionen an.

atom. Bei doppelter Kernladung (He-Atom!) sollte der Atomradius auf die Hälfte sinken. Tatsächlich ist der Atomradius des Heliumatoms etwas größer (Abb. 7/9). Das kommt daher, daß die Hüllenelektronen einander abstoßen und so der Verkleinerung des Atomradius durch die größere Kernladung etwas entgegenwirken. Daß die kontrahierende Wirkung der größeren Kernladung stark überwiegt, zeigen die Tatsachen, daß der Atomradius des Heliums doch wesentlich kleiner und die Bindungsenergie (Ionisierungsenergie) beim Helium wesentlich größer ist als beim Wasserstoffatom (Abb. 7/10). Wir erwarten daher, daß der Atomradius mit wachsender Ordnungszahl ständig sinkt und die Ionisierungsenergie monoton steigt. Da in einem gebundenen System von Teilchen nur ganz bestimmte Energieniveaus zulässig sind, erwarten wir ferner, daß sich alle Hüllenelektronen im Zustand mit dem tiefsten Energieniveau (also in ein und demselben Zustand) befinden, wenn das Atom im Grundzustand (also im Zustand kleinster Gesamtenergie) ist. Abb. 7/8 veranschaulicht diese Erwartungen.

Tatsächlich ist es ganz anders! Das chemische Verhalten und viele physikalische Eigenschaften der Elemente ändern sich nicht monoton, sondern zeigen einen periodischen Verlauf. Abb. 7/9 zeigt als Beispiel dafür den Atomradius und Abb. 7/10 die Ionisierungsenergie. Die Ionisierungsenergie kann ebenso wie beim Wasserstoff aus dem Spektrum ermittelt werden. Die zum Abtrennen eines weiteren Elektrons (also die Ionisierungsenergie der einfach positiv geladenen Ionen) ist in Abb. 7/10 beigefügt. Aus diesem periodischen Verlauf von Eigenschaften, die nur die Atomhülle betreffen, muß auf einen periodischen Aufbau der Atomhülle geschlossen werden.

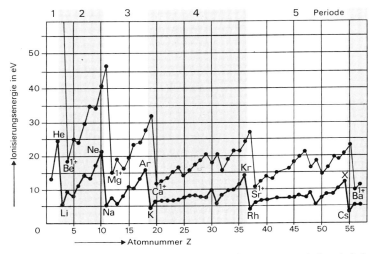

Abb. 7/10: Ionisierungsenergie der Atome *(starke Kurve)* und der einfach positiv geladenen Ionen *(dünne Kurve)*.

Unsere bisher entwickelte Vorstellung stimmt offenbar nur bis zum Helium: Der Atomradius sinkt, die Bindungsenergie wächst, beide Hüllenelektronen sind im gleichen stationären Zustand (1s-Zustand) eingebaut. Beim Lithium passiert aber etwas ganz unerwartetes: Der Atomradius steigt sprunghaft an, die Ionisierungsenergie sinkt auf 5,4 eV gegenüber 24 eV beim Helium. Ein weiteres Elektron läßt sich aber nur mit einem Energieaufwand von über 70 eV abtrennen (dünne Kurve in Abb. 7/10, der betreffende Wert ist nicht mehr ersichtlich). Das alles spricht dafür, daß nicht alle drei Elektronen des Lithiumatoms im 1s-Zustand auf tiefstem Energieniveau $E_1$ eingebaut sind; es muß sich vielmehr eines der Elektronen in einem Zustand mit weit höherer Energie (das bedeutet kleinere Ionisierungsenergie) und wesentlich größerem Aufenthaltsraum befinden (vgl. den 2s-Zustand in Abb. 7/2). Man sagt daher: Beim Wasserstoffatom und beim Heliumatom befinden sich alle Elektronen in der **K-Schale**. Das bedeutet: Sie befinden sich im 1s-Zustand, die Hauptquantenzahl ist $n=1$, die Wahrscheinlichkeitsdichte $\psi_1^2$ hat keine Knotenflächen. Beim Lithiumatom befinden sich ebenfalls zwei Elektronen in der K-Schale, eines der Elektronen aber befindet sich in der größeren L-Schale. Abb. 7/11 veranschaulicht diese Sprechweise.
Die folgenden Elemente bis zum Edelgas Neon erfüllen nun wieder unsere Erwartungen: Infolge der wachsenden Kernladung sinkt der Atomradius, die Ionisierungsenergie steigt (allerdings nicht monoton).

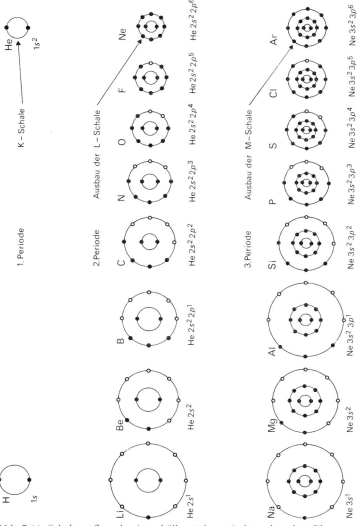

Abb. 7/11: Schalenaufbau der Atomhüllen (schematisch); neben dem Elementsymbol ist die Elektronenkonfiguration angegeben. Die M-Schale findet beim Argon nur einen vorläufigen Abschluß. Der weitere Ausbau ist etwas komplizierter, weil z. B. die 4s-Elektronen größere Bindungsenergie ergeben (und daher früher eingebaut werden) als die Elektronen in noch nicht besetzten Zuständen mit $n = 3$ (M-Schale).

7.3 *Das Ausschließungsprinzip*

Man sagt daher, daß im Verlauf dieser zweiten Periode des Periodensystems weitere Elektronen in die L-Schale eingebaut werden. Beim Natrium erfolgt wieder wie beim Lithium (Alkalimetalle) die sprunghafte Änderung von Atomradius und Ionisierungsenergie. Beim Helium ist also offenbar die K-Schale mit zwei Elektronen und beim Neon (Edelgase) zudem die L-Schale mit 8 Elektronen voll ausgebaut. Weitere Elektronen werden in diese Schalen nicht eingebaut.

WOLFGANG PAULI (1900–1958) bemerkte 1925, daß die Höchstanzahl von Elektronen in einer Schale mit der Anzahl der stationären Zustände gleicher Hauptquantenzahl $n$ im H-Atom übereinstimmt:

$n=1$, 0 Knotenflächen, $2n^2=2$ mögliche Zustände des H-Atomelektrons, höchstens 2 Elektronen in der K-Schale

$n=2$, 1 Knotenfläche, $2n^2=8$ mögliche Zustände des H-Atomelektrons, höchstens 8 Elektronen in der L-Schale

Das läßt folgende Deutung zu: Für ein Elektron sind in jedem Atom die gleichen stationären Zustände möglich wie im H-Atom ($1s$, $2s$, $2p$, …). Sie sind maßgeblich durch das in allen Fällen vorliegende kugelsymmetrische Kernfeld bestimmt. Größere Kernladung verkleinert zwar den Radius $r_1$ für das $1s$-Elektron (also den Radius der K-Schale) und senkt das zugehörige Energieniveau (festere Bindung); die für einen stationären Zustand charakteristischen Merkmale (Anzahl und Art der Knotenflächen) bleiben aber unverändert. Jeder mögliche Zustand wird aber nur mit einem Elektron besetzt. Im $1s$-Zustand können sich daher nur 2 Elektronen ($s=+\frac{1}{2}$, $-\frac{1}{2}$) befinden. Diese beiden Elektronen bilden die K-Schale. Ebenso bilden die 8 Elektronen in Zuständen mit der Hauptquantenzahl $n=2$ (eine Knotenfläche) die L-Schale.

Das kann mit den bisher aufgestellten Grundsätzen der Quantenmechanik nicht begründet werden. Wir müssen sie daher durch einen weiteren Grundsatz ergänzen, um das tatsächliche Verhalten der Natur richtig und **vollständig** beschreiben zu können:

**Ausschließungsprinzip (Pauliprinzip, Pauliverbot):** In einem gebundenen System dürfen zwei Elektronen nicht in **allen** Eigenschaften übereinstimmen; alle Elektronen müssen sich in verschiedenen Zuständen befinden.

Elektronen sind voneinander nicht unterscheidbare Teilchen. Das Pauliverbot verlangt, daß in einem gebundenen System jedes Elektron von allen anderen Elektronen durch irgendein Merkmal seines **Zustandes** verschieden ist. Es sei vermerkt, daß das Pauliverbot auch für Protonen und Neutronen gilt. Es gilt aber nicht für **alle** Teilchen.

Der Ausbau der Elektronenschalen erfolgt nun nach ganz einfachen Grundsätzen: Mit wachsender Ordnungszahl wird jeweils ein weiteres

Elektron so in einem noch nicht besetzten Zustand eingebaut, daß sich die niederste Gesamtenergie des Systems ergibt. Da es nur einen 1s-Zustand gibt, können dort höchstens zwei Elektronen ($s = +\frac{1}{2}$, $-\frac{1}{2}$) eingebaut werden (K-Schale, H, He). Da es auch nur einen 2s-Zustand gibt (eine kugelförmige Knotenfläche), können auch nur zwei 2s-Elektronen auf gleichem Energieniveau eingebaut werden (Li, Be, Beginn des Ausbaues der L-Schale). Wäre nun allen Zuständen mit der Hauptquantenzahl $n=2$ wie beim Wasserstoffatom das gleiche Energieniveau $E_2$ zugeordnet, so könnten Li und Be nach unserem Aufbauprinzip ebensogut 2p-Elektronen enthalten; es wäre eine Elektronenkonfiguration der Elemente nicht eindeutig bestimmt. Tatsächlich spalten ab der Hauptquantenzahl $n=2$ die zugehörigen Energieniveaus auf; den 2p-Zuständen ist ein höheres Energieniveau zugeordnet als dem 2s-Zustand. Die 2p-Zustände werden daher erst nach dem 2s-Zustand besetzt. Beim Teilchen im Würfel und im Quader haben wir gesehen, daß die Ursache der Entartung (also des gleichen Energieniveaus für verschiedene Zustände) die hohe Symmetrie des Systems (Würfel) war. Verzerrt man den Würfel zum Quader, so tritt durch diese Symmetrieverminderung Aufspaltung der Energieniveaus (Aufhebung der Entartung) ein. Im Atom mit vielen Elektronen wird das kugelsymmetrische Feld der Kernladung durch die gegenseitige Wechselwirkung der Elektronen gestört und dadurch dessen hochgradige Symmetrie vermindert.

Der Aufbau und die Eigenschaften der Materie sind also maßgeblich durch das Ausschließungsprinzip bedingt. Wären die Atome aus Teilchen aufgebaut, für die das Ausschließungsprinzip nicht gilt, so gäbe es kein Periodensystem der Elemente; die Dichte der Stoffe würde mit wachsender Ordnungszahl ständig steigen und extrem hohe Werte erreichen. Die allein durch die Beschaffenheit der Atomhülle bedingten chemischen Eigenschaften der Elemente wären grundlegend anders. Das Ausschließungsprinzip ist also für ein Verständnis des Aufbaues der Materie unerläßlich.

**Aufgaben**

7/7 Inwiefern ist das H-Atom mit den Atomen Li, Na, K eng verwandt? (Beachten Sie: Eine homogene geladene Kugelschale wirkt in ihrem Außenraum wie eine Punktladung, in ihrem Innenraum verursacht sie kein elektrisches Feld.)

7/8 a) Schätzen Sie ab, auf welchem Energieniveau sich ein 1s-Elektron im Na-Atom befindet! (Vgl. die Anmerkung zu Aufgabe 7/7)
b) Durch welche elektromagnetische Strahlung kann dieses 1s-Elektron vom Atom getrennt werden? Was wird daraufhin im Atom geschehen?
c) Warum kann das 1s-Elektron Energie nur in großen Portionen aufnehmen? Bei welchem Vorgang nimmt es die kleinste Energie auf?

# 8 Chemische Bindung

## 8.1 Die Ionenbindung

**Worin besteht jede Bindung?** Daß Teilchen aneinander gebunden sind, bedeutet, daß man Energie braucht, um sie voneinander zu trennen, um sie also zu freien Teilchen zu machen. Diese Bindungsenergie ist ein Maß für die Festigkeit der Bindung. Der Grundzustand eines gebundenen Systems muß immer jener Zustand sein, in dem die Gesamtenergie des Systems den kleinstmöglichen Wert hat. Dieser Zustand ist stabil, das System kann ihn nicht von selbst verlassen, dazu muß stets Energie zugeführt werden. Die zwischen den Teilchen wirkenden Kräfte sind immer bestrebt, diesen Zustand kleinster Energie herzustellen. Als Beispiel dazu haben wir den Aufbau des Wasserstoffatoms behandelt: Als Energien waren dort die potentielle elektrische Energie und die Nullpunktsenergie wirksam. Der Grundzustand des aus einem Proton und einem Elektron bestehenden Systems war jener Zustand, in dem die Summe dieser Energien ein Minimum wird.

Abb. 8/1 zeigt an einem ganz anderen Beispiel, wie die Natur Teilchen (Moleküle) so anordnet, daß sich ein Zustand kleinster Energie ergibt: Die in eine Seifenlösung getauchten Drahtmodelle bespannen sich so mit einer Seifenhaut, daß deren Oberfläche ein Minimum wird. Die hier allein maßgebende Energie ist die Oberflächenenergie. Die Flüssigkeitsmoleküle an der Oberfläche sind an weniger Nachbarn (und daher schwächer) gebunden als die Moleküle im Inneren der Flüssigkeit. Die Moleküle an der Oberfläche befinden sich daher auf h ö h e r e m Energieniveau (Abb. 8/1d). Vergrößerung der Oberfläche bedeutet daher eine Vergrößerung des Energieinhaltes des Systems; bei kleinster Oberfläche ergibt sich die kleinste Energie.

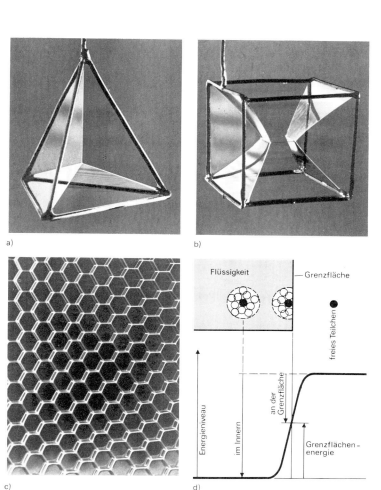

Abb. 8/1: *Oben:* Die Drahtmodelle bespannen sich beim Herausziehen aus einer Seifenlösung mit einer Haut kleinster Oberfläche (Minimalfläche).

*Unten links:* Seifenblasen gleicher Größe steigen zwischen parallelen Glasplatten hoch. Mit Sechseckwaben wird das eingeschlossene Luftvolumen (der „Wohnraum") mit einem Minimum an Wandmaterial „umbaut". Die Bienen „wissen" das längst.

*Unten rechts:* Energieniveau von Molekülen im Inneren und an der Oberfläche einer Flüssigkeit. Gegenüber einem freien Teilchen sind gebundene Teilchen stets auf tieferem Energieniveau.

8.1 Die Ionenbindung

Um das Zustandekommen irgendeiner Bindung zu verstehen, müssen wir daher immer die gleiche Frage beantworten:

**Warum ergibt sich im gebundenen Zustand kleinere Energie als im ungebundenen Zustand? Wie kommt in einem ganz bestimmten Zustand ein Energieminimum zustande?**

Das ist bei der Ionenbindung relativ leicht verständlich (Abb. 8/2): Die Atome der Alkalimetalle Li, Na, K,... enthalten nur ein Elektron in der äußersten Schale (Abb. 7/11). Um dieses nur schwach gebundene Elektron abzutrennen, ist eine Energie von etwa 5 eV nötig (Abb. 7/10). Bei den Atomen der Halogene F, Cl,... ist in der äußersten Schale ein Platz unbesetzt (Abb. 7/11). Dort kann ein weiteres Elektron eingebaut werden. Dabei erhält man meist eine Energie von etwa 4 eV. Daher ist z. B. zur Bildung eines Na$^+$-Ions und eines Cl$^-$-Ions aus je einem neutralen Na- und Cl-Atom eine Energie von 1,4 eV nötig, es muß also Energie zugeführt werden. Man erhält aber zwei getrennte Ionen entgegengesetzter Ladung, die sich durch elektrostatische Anziehung zu einem Molekül vereinigen (Abb. 8/2). Dabei erhält man wesentlich mehr Energie, als zur Bildung der Ionen nötig war. Bei der Bildung eines NaCl-Moleküls wird eine Energie von 3,7 eV frei. Das ist die Bindungsenergie dieses Moleküls. Bilden diese Moleküle einen Kristall, in dem jedes Ion an mehrere entgegengesetzt geladene Nachbarn gebunden ist, so wird pro Ionenpaar nochmals eine Energie von 2,8 eV frei.

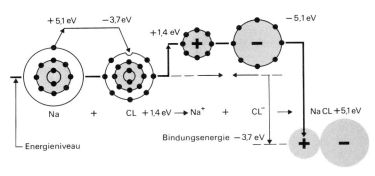

Abb. 8/2: Bildung eines NaCl-Moleküls (Ionenbindung); die Treppenkurve zeigt das Energieniveau der beiden Teilchen im jeweiligen Zustand an. Die Beschreibung im Text macht zwar verständlich, wie am Ende ein Zustand verminderter Energie (also eine Bindung) entsteht, sie macht aber nicht verständlich, wie das System aus dem Ausgangszustand von selbst in das Zwischenstadium (Ionen) erhöhter Energie gelangen kann, wie es also den Energiewall zwischen dem Anfangs- und Endzustand überwindet.

Die elektrostatische Anziehung zwischen den Ionen ist bestrebt, sie einander möglichst nahe zu bringen. Je kleiner ihr Abstand ist, desto mehr elektrische Energie wird frei. Die Annäherung ist dadurch begrenzt, daß die äußersten Elektronenschalen der Ionen nun voll besetzt sind (also Edelgaskonfiguration haben) und einander nicht überdecken dürfen, weil nach dem Ausschließungsprinzip in keiner dieser Schalen Elektronen des andern Ions Platz finden können. Die Ionen verhalten sich daher wie relativ feste Kugeln, zu deren weiterer Annäherung extrem große Kräfte nötig sind.

## 8.2 Die kovalente Bindung (Atombindung)

Das einfachste Molekül ist das positive Wasserstoffion $H_2^+$. Es besteht aus zwei Protonen und einem Elektron. Unsere Frage lautet also:

**Wie kann aus zwei Protonen und einem Elektron ein stabiles System aufgebaut werden?**

Nach der klassischen Mechanik ist das völlig unverständlich: In Abb. 8/3a sind zwei Protonen in noch relativ großer Entfernung voneinander angenommen. Da beide positiv elektrisch geladen sind, stoßen sie einander ab. Sie werden sich also nie von selbst enger zusammenschließen, weil dabei nicht Energie frei wird, sondern Energie zugeführt werden muß.
Abb. 8/3b zeigt die potentielle Energie eines Elektrons im elektrischen Feld der beiden Protonen. Das Elektron wird sich so verhalten, wie ein Kügelchen in einer Geländeform mit diesem Querschnitt: Das Kügelchen wird unter der Wirkung der Schwerkraft in eines der beiden Löcher fallen; das Elektron wird von einem der beiden Protonen eingefangen und bildet mit ihm ein Wasserstoffatom. Die dabei frei werdende Bindungsenergie von etwa 13 eV wird als Lichtquant ausgestrahlt. Abb. 8/3c zeigt die Wahrscheinlichkeitsdichte des Elektrons in dem so entstandenen Zustand 1.
Nach der klassischen Mechanik kann das Elektron nur unter Aufwand einer Energie von etwa 13 eV auf das hohe Energieniveau zwischen den beiden Protonen gehoben werden. „Fällt" es dann gegen das Proton B, so bildet es mit ihm ein Wasserstoffatom und wir bekommen die aufgewandte Energie als Strahlung wieder zurück. Der Energieinhalt des Systems im Zustand 2 (Abb. 8/3d) ist zwar ebensogroß, wie im Zustand 1; nach der klassischen Mechanik kann aber das System nie

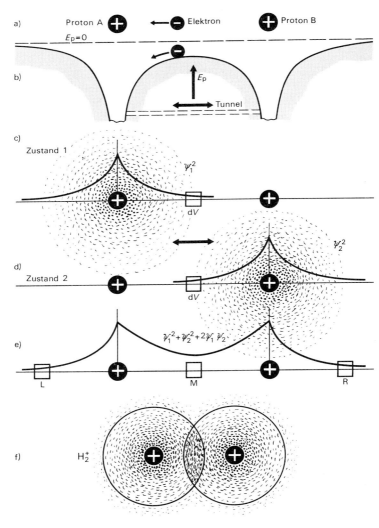

Abb. 8/3: Bildung eines $H_2^+$-Ions:
a) Zwei Protonen in noch relativ großem Abstand;
b) potentielle Energie eines Elektrons im elektrischen Feld der beiden Protonen;
c), d) zwei völlig symmetrische stationäre Zustände des Elektrons;
e) deren konstruktive Interferenz ergibt den Grundzustand des $H_2^+$-Ions;
f) Wahrscheinlichkeitsdichte des Elektrons im $H_2^+$-Ion.

von selbst aus dem Zustand 1 in den Zustand 2 übergehen. Es besteht auch kein Anlaß für eine Vereinigung des Wasserstoffatoms mit dem Proton, denn das Wasserstoffatom ist ein neutrales Gebilde, das auf das Proton keine Kraft ausübt.

Ganz anders wird die Situation durch die Quantenmechanik beschrieben: Die Wahrscheinlichkeitsdichte des Elektrons im Zustand 1 ist außen ja nicht scharf begrenzt. Es besteht auch eine gewisse (wenn auch sehr kleine) Wahrscheinlichkeit dafür, daß sich das Elektron z. B. in dem zwischen den beiden Protonen gelegenen Volumelement $dV$ in Abb. 8/3c aufhält. Das Elektron kann also trotz des Energieberges zwischen den beiden Protonen die Mitte überschreiten. Es kann dann vom Kern B eingefangen werden und mit ihm ein Wasserstoffatom bilden. Der Zustand 1 kann also von selbst (ohne daß dem System Energie zugeführt wird!) in den Zustand 2 übergehen. Das ist so, als ob ein in Abb. 8/3b im linken Trichter liegendes Kügelchen von selbst (also ohne daß es jemand über den dazwischenliegenden Berg hebt) in den rechten Trichter gelangt wäre. Das Teilchen könnte nur durch einen Tunnel im Energieberg vom Proton A zum Proton B gelangen. Man nennt daher diesen Effekt den **Tunneleffekt**.

Ebenso kann das Elektron aus dem Zustand 2 wieder in den Zustand 1 übergehen. Es wird daher ein ständiger Wechsel zwischen den beiden Zuständen erfolgen, und zwar um so häufiger, je näher die beiden Protonen einander sind (warum?). Das Elektron ist daher nicht mehr einem der beiden Protonen zugeordnet, es ist beiden Protonen gleichermaßen zugeordnet. Wegen der Symmetrie der Anordnung werden die beiden stehenden Wahrscheinlichkeitswellen mit den Amplituden $\psi_1$ bzw. $\psi_2$ gleich häufig vorkommen. Der Gesamtzustand des Elektrons (also die resultierende stehende Wahrscheinlichkeitswelle) entsteht durch Überlagerung (Superposition) der stationären Zustände 1 und 2. Wir stehen daher vor der Frage:

**Wie werden stationäre Teilzustände zu einem resultierenden stationären Zustand überlagert? Wie erhält man also durch Überlagerung stehender Wahrscheinlichkeitswellen wieder eine stehende Wahrscheinlichkeitswelle?**

Es ist für stehende Wellen ganz charakteristisch, daß alle Punkte zwischen zwei benachbarten Knoten gleichphasig schwingen, daß aber Punkte auf verschiedenen Seiten eines Knotens gegenphasig schwingen. Andere Phasenbeziehungen gibt es nicht! Wir können daher die Phasenlage ganz einfach durch das Vorzeichen der Amplitude charakterisieren.

Im Grundzustand schwingen alle Punkte gleichphasig. Die Amplitude der Wahrscheinlichkeitswelle muß daher im Grundzustand überall gleiches Vorzeichen haben. Wir nehmen daher an, daß die Amplituden $\psi_1$ und $\psi_2$ der Teilzustände 1 und 2 positiv sind und addieren sie.

$$\psi_{1+2} = \psi_1 + \psi_2 \quad \text{Wahrscheinlichkeitsamplitude} \quad (8/1)$$
im Grundzustand

Da diese resultierende Amplitude überall positiv ist, ist sie die Amplitude des resultierenden Grundzustandes. Die resultierende Wahrscheinlichkeitsdichte ist das Quadrat der resultierenden Wahrscheinlichkeitsamplitude:

$$\psi_{1+2}^2 = (\psi_1 + \psi_2)^2 = \psi_1^2 + \psi_2^2 + 2\psi_1\psi_2 \quad (8/2)$$

Das ist nun der entscheidende Sachverhalt: Die resultierende Wahrscheinlichkeitsdichte ist nicht die Summe der Wahrscheinlichkeitsdichten $\psi_1^2 + \psi_2^2$! Nach den sonst in der Wahrscheinlichkeitsrechnung richtigen Überlegungen sollte man das erwarten:

$dP_1 = \psi_1^2 dV$ ist doch ein Maß dafür, wie häufig wir das Elektron im Zustand 1 im Volumelement $dV$ antreffen werden.

$dP_2 = \psi_2^2 dV$ ist ein Maß dafür, wie oft wir das Elektron im Zustand 2 in diesem Volumelement $dV$ zudem noch antreffen werden.

$dP = dP_1 + dP_2 = (\psi_1^2 + \psi_2^2) dV$ sollte ein Maß dafür sein, wie oft wir das Elektron im Volumelement $dV$ insgesamt (also entweder im Zustand 1 oder im Zustand 2) antreffen werden.

Eine solche Addition der Wahrscheinlichkeitsdichten (statt der Wahrscheinlichkeitsamplituden) würde völlig außer acht lassen, daß hier Wellen addiert werden: Da stets $\psi^2 \geq 0$ gilt, da also Wahrscheinlichkeitsdichten stets positiv sind, kann durch ihre Addition niemals Auslöschung und somit niemals destruktive Interferenz von Wellen eintreten. Eine solche Addition von Wahrscheinlichkeiten würde einfach die in Abb. 1/6 dargestellte Addition von Häufigkeiten und somit ein Festhalten an der klassischen Mechanik bedeuten.

Addition von Wellen bedeutet eine Addition von Schwingungen. Für das Ergebnis ist die Phasenlage der Schwingungen von entscheidender Bedeutung. Wir müssen daher zur mathematischen Behandlung der Superposition stehender Wahrscheinlichkeitswellen eine Größe verwenden, die sowohl positiv als auch negativ sein kann und somit durch ihr Vorzeichen die Phasenlage der Teilschwingungen darstellen kann.

In Abb. 8/3e ist die resultierende Wahrscheinlichkeitsdichte des Elektrons im Grundzustand nach Gl. (8/2) dargestellt. Im Volumelement M ist $\psi_1 = \psi_2$; $\psi_{1+2}^2$ ist aber nicht doppelt so groß wie $\psi_1^2$ oder $\psi_2^2$, sondern viermal so groß! Das Elektron wird also im Volumelement M viermal so oft angetroffen, wie in einem der Volumelemente L oder R. Das erzeugt den bindenden Effekt: Wenn sich das Elektron im Bereich zwischen den beiden Protonen befindet, zieht es die beiden positiven Protonen infolge seiner negativen Ladung zur Mitte hin, versucht also deren Abstand zu verkleinern. Wenn es dagegen in den Volumelementen L oder R ist, zieht es das nähere Proton stärker an als das weiter entfernte und versucht damit deren Abstand eher zu vergrößern. Da es sich aber im Volumelement M doppelt so oft aufhält, als in den Volumelementen L und R zusammen, überwiegt die bindende Wirkung. Wir können Abb. 8/3e als Bild der Verteilung der Elektronenladung auffassen: Zwischen den beiden Protonen (im Überlappungsgebiet der beiden Wahrscheinlichkeitswellen) ist mehr elektrische Ladung angehäuft als außerhalb (bei L und R).

Dieser bindenden Wirkung des Elektrons wirkt die elektrische Abstoßung zwischen den beiden Protonen entgegen. Sie ist allerdings sehr gering, solange der Protonenabstand wesentlich größer ist als der Radius des H-Atoms: Dann steht in den Zuständen 1 und 2, aus denen wir den resultierenden Zustand aufgebaut haben, einem Proton stets ein neutrales H-Atom gegenüber. Erst wenn etwa im Zustand 2 das Proton A in die Elektronenhülle des H-Atoms eintaucht (Abb. 8/4b), wird die außerhalb der Kugel vom Radius $d$ gelegene Elektronenladung (wir fassen wieder die Wahrscheinlichkeitsdichte als Bild der Ladungsverteilung auf) unwirksam. Vergleiche: Eine geladene Kugelschale erzeugt in ihrem Innenraum kein elektrostatisches Feld ($E=0$), im Außenraum wirkt sie wie eine Punktladung. Je kleiner $d$ ist, desto weniger wirksame negative elektrische Ladung ist in dieser Kugel enthalten, desto mehr überwiegt die positive Kernladung, desto stärker ist die Abstoßung.

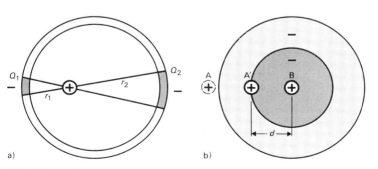

Abb. 8/4: a) Eine homogen mit Ladung erfüllte Kugelschicht übt auf einen Ladungsträger im Innenraum keine Kraft aus. Wie erkennt man das?
b) Für das Proton in der Stellung A ist das Wasserstoffatom elektrisch neutral. In der Stellung A' wirkt zwar die volle Kernladung, aber nur ein Teil der Hüllenladung.

8.2 *Die kovalente Bindung (Atombindung)*

Es wird daher einen bestimmten Protonenabstand geben, bei dem die bindende Wirkung des Elektrons und die Abstoßung zwischen den Protonen einander das Gleichgewicht halten. Die Rechnung zeigt, daß dieser stabile Gleichgewichtszustand bei einem Protonenabstand von etwa $10^{-10}$ m erreicht wird. Die Bindungsenergie gegenüber einem Wasserstoffatom und einem freien Proton ist 2,6 eV, also relativ klein.

**Das $H_2$-Molekül**

Die beiden Protonen des $H_2^+$-Ions werden durch das Elektron zusammengehalten, weil sich dieses Elektron im Grundzustand relativ häufig zw i schen den beiden Protonen aufhält. In dieses System können wir nun noch ein zweites Elektron mit g l e i c h e r Wahrscheinlichkeitsdichte einbauen. Es muß sich vom ersten Elektron nach dem Pauliverbot nur durch entgegengesetzte Spinquantenzahl unterscheiden ($+\frac{1}{2}$, $-\frac{1}{2}$). Dadurch erhalten wir das $H_2$-Molekül.
Da im Wasserstoffmolekül nun z w e i Elektronen gleichermaßen bindend wirken, sinkt der Protonenabstand auf etwa $0,7 \cdot 10^{-10}$ m, die Bindungsenergie der beiden Wasserstoffatome steigt auf 4,5 eV. Daß sie nicht doppelt so groß ist, wie beim $H_2^+$-Ion, liegt daran, daß die beiden Elektronen einander abstoßen und so der Bindung etwas entgegenwirken. B e i d e Elektronen sind b e i d e n Protonen in gleicher Weise zugeordnet und bilden eine von der Kugelform nur wenig abweichende Elektronenhülle. Dieses Molekül zeigt daher keine Polarität, kein elektrisches Dipolmoment, wie etwa ein Ionenmolekül. Deshalb spricht man von einer **homöopolaren Bindung.**
Warum das $H_2$-Molekül kleinere Energie besitzt als die getrennten Wasserstoffatome können wir ganz einfach auch so einsehen: Bei der Vereinigung der beiden Wasserstoffatome zum Wasserstoffmolekül wird jedem der beiden Elektronen ein v e r g r ö ß e r t e r Aufenthaltsraum zur Verfügung gestellt. Dadurch wird aber die Bewegungsenergie der Elektronen im Grundzustand (die Nullpunktsenergie) vermindert. Zudem ist jedes Elektron an zwei Protonen (und demnach fester als im H-Atom) gebunden.
Das Ergebnis unserer Überlegungen läßt sich auf eine ganz einfache Faustregel reduzieren, die vor allem für die Anwendung in der Chemie sehr nützlich ist:

Die konstruktive Interferenz von stehenden Wahrscheinlichkeitswellen zwischen den Atomkernen führt zur chemischen Bindung.

**Der antibindende Zustand**

Um einen stationären Gesamtzustand zu erhalten, müssen wir die beiden Zustände 1 und 2 in Abb. 8/3 so überlagern, daß zwei beliebige Punkte entweder gleiches oder entgegengesetztes Vorzeichen der Wellenamplitude (Wahrscheinlichkeitsamplitude) haben. Diese Forderung erfüllt auch die Wahrscheinlichkeitsamplitude

$$\psi_{1-2} = \psi_1 - \psi_2$$

Abb. 8/5 zeigt die resultierende Wahrscheinlichkeitsdichte:

$$\psi_{1-2}^2 = \psi_1^2 + \psi_2^2 - 2\psi_1\psi_2 \qquad (8/3)$$

Im Überlappungsgebiet zwischen den beiden Protonen (wo also weder $\psi_1$ noch $\psi_2$ Null ist) wird jetzt die Wahrscheinlichkeitsdichte **vermindert**, weil dort der sogenannte **Kopplungsterm** $-2\psi_1\psi_2$ negativ ist, während er im Grundzustand nach Gl. (8/2) positiv war. Das Elektron hält sich im Bereich M zwischen den beiden Protonen jetzt seltener auf, als in den Bereichen L und R. Statt eines bindenden Effekts (wie ihn der Grundzustand bewirkt hat) entsteht jetzt eine antibindende Wirkung. In diesem ebenfalls möglichen stationären Zustand ist die Symmetrieebene der beiden Protonen eine Knotenebene, es ist also ein antisymmetrischer Zustand, dem schon die Hauptquantenzahl $n=2$ und ein entsprechend höheres Energieniveau zugeordnet ist.

Im $H_2^+$-Ion kann der antibindende Zustand nicht auftreten; er würde ja bereits den Zerfall des Ions bedeuten. Im Wasserstoffmolekül kann

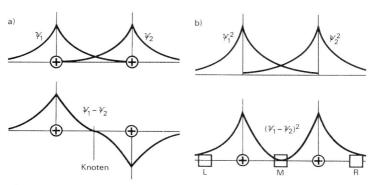

Abb. 8/5: Antibindender Zustand eines Elektrons im Wasserstoffmolekül; er gleicht dem 2p-Zustand aus Abb. 7/2 sowie 7/3d und 7/4d:
a) Wahrscheinlichkeitsamplitude, b) Wahrscheinlichkeitsdichte

*8.2 Die kovalente Bindung (Atombindung)*

eines der Elektronen aus dem Grundzustand in diesen Zustand gehoben werden. Während also im Grundzustand des Wasserstoffmoleküls jedes der Elektronen auf tieferem Energieniveau ist als im ungebundenen Wasserstoffatom (sonst würde keine Bindung zustandekommen), befindet sich ein Elektron im antibindenden Zustand auf etwas höherem Energieniveau. Das bedeutet: Das Energieniveau $E_1$ des Wasserstoffatoms im Grundzustand wird im Wasserstoffmolekül in zwei relativ eng benachbarte Energieniveaus $E_{1+2}$ und $E_{1-2}$ aufgespalten. Wir können also feststellen:

Destruktive Interferenz von stationären Zuständen (von Orbitalen) zwischen den Atomkernen führt zu einem antibindenden Zustand.
Durch die Bindung von Atomen zu Molekülen erfolgt eine Aufspaltung der Energieniveaus der Atome.

Ebenso wie das Wasserstoffmolekül entstehen andere Moleküle aus zwei gleichen Atomen ($N_2$, $Cl_2$, $O_2$,...) durch kovalente Bindung. Da keiner der Partner vor dem anderen irgendwie ausgezeichnet ist, wie das bei der Ionenbindung der Fall war, können solche Moleküle keine Polarität (kein Dipolmoment) aufweisen. Es liegt daher immer eine homöopolare Bindung vor. Wenn zwei verschiedene Atome ein Molekül bilden, werden die bindenden Elektronen eine mehr oder weniger unsymmetrische Ladungsverteilung aufweisen, sich also in der Nähe eines der Kerne häufiger aufhalten. Solche Moleküle werden daher ein Dipolmoment haben. Zwischen kovalenter Bindung und Ionenbindung gibt es keine strenge Grenze.

**Aufgaben**

8/1 Erklären Sie, warum ein Na- und ein Cl-Atom trotz des in Abb. 8/2 bestehenden Energiewalles ein NaCl-Molekül bilden können, wenn sie einander ziemlich nahe kommen!

8/2 Beim Einbau eines Elektrons in ein H-Atom wird eine Energie von 0,76 eV frei (Elektronenaffinität des H-Atoms).
  a) In welchem Zustand befinden sich die Elektronen des $H^-$-Ions?
  b) Geben Sie die Energieniveaus der beiden Elektronen im Grundzustand an!
  c) Schätzen Sie den Radius des $H^-$-Ions durch Vergleich mit dem He-Atom ab!

8/3 Welche Frequenz muß Licht haben, um Wasserstoffmoleküle
  a) ionisieren
  b) in Atome spalten zu können?

8/4 Beschreiben Sie in zu Abb. 8/3 analogen Skizzen die Verbindung LiH (Lithiumhydrid)! Welcher wesentliche Unterschied zu $H_2$ besteht? Besteht noch eine homöopolare Bindung? Hat dieses Molekül ein elektrisches Dipolmoment? Wenn ja, warum?

## 8.3 Das Wassermolekül

Nach Abb. 7/11 können in die L-Schale des Sauerstoffatoms noch zwei Elektronen in 2p-Zuständen eingebaut werden. In Abb. 8/6 sind diese noch unvollständig besetzten Zustände mit $2p_y$ und $2p_z$ bezeichnet. Jeder dieser Zustände ermöglicht daher die Bindung eines H-Atoms durch konstruktive Interferenz (Überlappung der Orbitale). Der 1s-Zustand des H-Atoms und ein 2p-Zustand des O-Atoms ergeben ebenso wie beim $H_2$-Molekül einen neuen stationären Zustand, der sich über beide Atome erstreckt und von 2 Elektronen (Spin $+\frac{1}{2}$, $-\frac{1}{2}$) besetzt ist, nämlich dem Elektron, das sich schon in diesem 2p-Zustand des Sauerstoffatoms befand und dem Elektron, das das H-Atom mitgebracht hat. Während aber beim $H_2$-Molekül jedes Elektron beiden Kernen in völlig gleicher Weise zugeordnet ist, besteht jetzt eine solche Symmetrie der Ladungsverteilung (der Aufenthaltswahrscheinlichkeit) nicht mehr. Tatsächlich liegt der „Ladungsschwerpunkt" der Elektronen dem Sauerstoffkern näher als dem Wasserstoffkern.

Man erkennt aus Abb. 8/6, daß sich durch die kovalente Bindung die Elektronen um die Wasserstoffkerne nicht mehr symmetrisch verteilen, sondern mit viel größerer Häufigkeit auf seiten des Sauerstoffkerns angetroffen werden. Die Wasserstoffatome verhalten sich daher wie positive Ionen und üben aufeinander eine abstoßende Kraft aus. Dadurch wird der rechte Winkel zwischen den Achsen der beiden 2p-Orbitale auf 104,5° vergrößert.

Obwohl hier keine Ionenbindung vorliegt, haben die Wassermoleküle ein relativ hohes elektrisches Dipolmoment. Tatsächlich gibt es alle Abstufungen zwischen homöopolarer Bindung und Ionenbindung: Fällt der Ladungsschwerpunkt des bindenden Elektrons (fast) mit einem der Kerne zusammen, so liegt eine (fast) reine Ionenbindung vor. Das bindende Elektron verhält sich (fast) so, als ob es nur diesem einen Atom angehörte. Wird keiner der Kerne bevorzugt, so besteht eine rein homöopolare Bindung.

Das hohe Dipolmoment der Wassermoleküle erklärt viele wesentliche Eigenschaften des Wassers: Die Dielektrizitätszahl des Wassers ($\varepsilon_r = 81$) ist extrem groß. Ein elektrisches Feld muß die Wassermoleküle nicht erst zu Dipolen verzerren, schon ihre Orientierung im elektrischen Feld führt zu einer starken elektrischen Polarisation.

Moleküle mit einem elektrischen Dipolmoment werden bestrebt sein, sich mit ihren entgegengesetzt geladenen Seiten zusammenzuschließen. Bei diesen Molekülen sind also die sogenannten **Molekularkräfte,** die den Zusammenschluß der Moleküle zu einer Flüssigkeit oder einem Festkörper anstreben, sehr leicht als eine elektrische Wechselwirkung

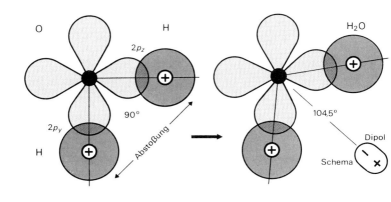

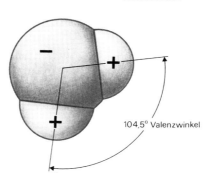

Abb. 8/6: Aufbau eines Wassermoleküls (schematisch). Oben sind nur die zur Bindung genützten $2p$-Orbitale des O-Atoms gezeichnet. Das Kalottenmodell gibt eine ungefähre Vorstellung vom „Aussehen" des Wassermoleküls.

erkennbar. Der Gegenspieler dieser bindenden Kräfte ist die Molekularbewegung: Sie ist bestrebt, jede Ordnung und jeden Zusammenhang zwischen den Molekülen zu zerstören und sie regellos im Raum zu zerstreuen. In der kondensierten Materie (Festkörper, Flüssigkeiten) überwiegt die Wirkung der Bindungskräfte, im Gas dominiert die Molekularbewegung.

Daß Wasserstoff ($H_2$), Sauerstoff ($O_2$) oder Stickstoff ($N_2$) verflüssigen, zeigt uns, daß auch zwischen Molekülen mit homöopolarer Bindung Molekularkräfte wirken. Ebenso wie die Bildung etwa eines $H_2$-Moleküls nach der klassischen Mechanik unverständlich ist, kann auch diese Wechselwirkung zwischen unpolaren neutralen Molekülen mit ihr nicht verstanden werden. Auch dieses Problem konnte mit Hilfe der Quantenmechanik geklärt werden.

Die außerordentlich tiefen Siedepunkte von Sauerstoff, Stickstoff und Wasserstoff zeigen, daß zwischen homöopolaren Molekülen nur sehr schwache Kräfte wirken. Das hohe Dipolmoment des Wassermoleküls hat eine wesentlich stärkere Bindung und damit einen wesentlich höheren Siedepunkt zur Folge.

Tatsächlich ist die Bindung im Wassermolekül etwas komplizierter, als wir sie hier beschrieben haben. Das ist durch folgenden Umstand bedingt: Bei der Bindung eines Atoms an andere Atome nimmt das Gesamtsystem den Zustand kleinstmöglicher Energie an. Bei der Anlagerung von zwei Wasserstoffatomen an ein Sauerstoffatom werden nicht nur die von uns betrachteten 2$p$-Orbitale verändert, es kann vielmehr eine Veränderung der Orbitale sämtlicher Valenzelektronen erfolgen, wenn damit eine Verminderung der Gesamtenergie erreicht wird. Welchen Zustand das Gesamtsystem annimmt, kann auch bei den einfachsten Molekülen nur mit dem allergrößten mathematischen Aufwand mit einiger Sicherheit vorhergesagt werden. Hier stoßen wir bereits auf eine Grenze physikalischer Erkenntnis: Wir kennen zwar die Gesetze, denen solche Systeme folgen; die Verhältnisse werden aber bald so kompliziert, daß sie sich einer mathematischen Behandlung entziehen. Die geeigneten Rechenanlagen zur Lösung solcher Probleme sind die Moleküle selbst. Ihre Rechenergebnisse (also die Elektronenkonfiguration im Molekül) können durch die Methoden der Strukturuntersuchung „abgelesen" werden.

## 8.4 Das Superpositionsprinzip

Entscheidend für das Verständnis der homöopolaren Bindung war die Art, wie wir Wahrscheinlichkeitswellen überlagert haben: Nicht die Wahrscheinlichkeitsdichten werden addiert, sondern die Amplituden der Wahrscheinlichkeitswellen. Da wir uns bisher auf die Überlagerung gleichphasiger oder gegenphasiger Schwingungen beschränkt haben, konnten wir die Phasenlage durch das Vorzeichen einer reell angenommenen Amplitude berücksichtigen. Schwingungen können natürlich im allgemeinen beliebige Phasenlage haben. Das kann man durch die Verwendung komplexer Zahlen für die Amplituden berücksichtigen. Das ist für uns aber in dieser unmathematischen Darstellung entbehrlich.

Wesentlich ist für uns: Nach welchen mathematischen Regeln wir die Wahrscheinlichkeitswellen überlagern müssen, kann uns nicht die Mathematik sagen. Die Regeln, nach denen wir in der Mathematik mit bestimmten Größen verfahren, können sehr verschieden vereinbart werden: Wir können z. B. zwei Vektoren skalar multiplizieren; wir können ebensogut ihr äußeres Produkt bilden. Um aus Kraft und Weg die Arbeit zu berechnen, müssen wir das skalare Produkt bilden; die Verwendung der Regeln zur Bildung des äußeren Vektorproduktes würde unserem Vorhaben nicht entsprechen.

Wir können diese Überlagerungsregeln für Wahrscheinlichkeitswellen auch nicht aus mechanischen Modellen (also aus dem Verhalten von Seilwellen oder Wasserwellen) ableiten. Diese Wellen sind ja nur ein Hilfsmittel, um die völlig unanschaulichen Wahrscheinlichkeitswellen unserer Vorstellung etwas näher zu bringen.

Wir müssen diese Überlagerungsregel einfach so wählen, daß die beobachtbaren Tatsachen (also z. B. die Bindung zwischen zwei Wasserstoffatomen) qualitativ und quantitativ aus unserer Theorie gefolgert werden können. Diese Übereinstimmung mit der Erfahrung ergibt sich mit dem von uns benützten

**Superpositionsprinzip:** Bei der Überlagerung von stehenden Wahrscheinlichkeitswellen ergibt sich die Amplitude der resultierenden Welle durch Addition der Amplituden der Teilwellen.

**Beispiel**

Abb. 2/5 können wir als Darstellung der Streuung von Teilchen gleichen Impulses an zwei Teilchen betrachten, deren Abstand klein gegen die Wellenlänge der Teilchen ist. Es mögen an einem der Teilchen $N$ Teilchen/s gestreut werden. Wieviele Teilchen/s werden an zwei solchen Teilchen gestreut?

Die an einem Teilchen gestreute Welle hat die Amplitude $\psi_1$. Die am zweiten Teilchen gestreute Welle hat die Amplitude $\psi_2$. Die resultierende Welle hat die Amplitude $\psi = \psi_1 + \psi_2$. Da die beiden Wellen gleichphasig erregt werden und der Teilchenabstand sehr klein gegen die Wellenlänge ist, interferieren sie überall (fast) gleichphasig. Es ist also $\psi_1 = \psi_2$. Daher ist

$$\psi^2 = (2\psi_1)^2 = 4\psi_1^2$$

Das bedeutet: An den zwei Teilchen werden viermal soviele Teilchen gestreut, wie an einem einzelnen Teilchen! Die Wahrscheinlichkeit, daß ein Teilchen ins Zählrohr im Volumelement $dV$ fällt, ist ja nicht $2\psi_1^2 dV$, sondern eben $4\psi_1^2 dV$.

**Aufgaben**

8/5 Durch welches Grundgesetz der Mechanik wird die vektorielle Addition von Geschwindigkeiten gerechtfertigt?
8/6 Welche Moleküle sind dem Wassermolekül sehr ähnlich?
8/7 Warum können die mit zwei Elektronen besetzten Orbitale zur chemischen Bindung nicht genützt werden? Welche Elektronen sind Valenzelektronen?

## 8.5 Hybridorbitale

Das Wasserstoffatom kann mit einem zweiten Wasserstoffatom ein Molekül bilden, weil in jedem der beiden Atome der $1s$-Zustand nur mit einem Elektron besetzt ist. Durch konstruktive Interferenz der beiden $1s$-Orbitale kann daher ein stationärer Zustand geringerer Energie gebildet werden, der mit zwei Elektronen voll besetzt ist. Ebenso haben wir die Bildung des Wassermoleküls als konstruktive Interferenz der mit nur je einem Elektron besetzten Zustände $2p_y$ und $2p_z$ des Sauerstoffatoms mit je einem $1s$-Elektron des H-Atoms erklärt. An jeder solchen Bindung (also an jeder Bildung eines gemeinsamen Orbitals) muß immer sowohl ein Elektron des einen Atoms als auch ein Elektron des anderen Atoms beteiligt sein. Weil dieses Orbital aber mit zwei Elektronen voll besetzt ist, können nur die mit einem Elektron besetzten Orbitale der Atome zur Bindung genützt werden. Würde etwa das $1s$-Elektron eines H-Atoms mit einem $1s$-Elektron den He-Atoms interferieren, so würde es gleichzeitig auch mit dem zweiten $1s$-Elektron des He-Atoms interferieren (die beiden Elektronen befinden sich ja im gleichen Orbital); der resultierende Zustand wäre mit 3 Elektronen besetzt. Das ist nach dem Ausschließungsprinzip verboten. Wir sehen also:

Nur die mit einem Elektron besetzten Orbitale können zur Bindung genützt werden. Elektronen in diesen unvollständig besetzten Orbitalen heißen **Valenzelektronen**. Die Anzahl der Valenzelektronen bestimmt die **Wertigkeit** eines Elements.

Wasserstoff ist einwertig, der $1s$-Zustand ist nur mit einem Elektron besetzt, dieses Elektron ist daher ein Valenzelektron. He ist nullwertig, der $1s$-Zustand ist mit 2 Elektronen voll besetzt. Na ist einwertig, denn der $1s$-Zustand ist mit 2 Elektronen voll besetzt, der $2s$-Zustand ist nur mit einem Elektron besetzt. Im Be-Atom sind nach Abb. 7/11 sowohl der $1s$-Zustand als auch der $2s$-Zustand mit je zwei Elektronen voll besetzt; Beryllium sollte daher kein Valenzelektron enthalten.

Tatsächlich gibt es Moleküle BeH$_2$, Beryllium ist zweiwertig! Im C-Atom sind nach Abb. 7/11 die Zustände $1s$, $2s$, $2p_x$ mit je zwei Elektronen voll besetzt, die Zustände $2p_y$ und $2p_z$ sind mit je einem Elektron besetzt. Kohlenstoff sollte daher **zweiwertig** sein, also nur CH$_2$ bilden können. Tatsächlich bildet Kohlenstoff CH$_4$, ist also **vierwertig**. Alle vier Elektronen der L-Schale des C-Atoms sind also Valenzelektronen. Die Strukturuntersuchung von Kohlenstoffverbindungen (CH$_4$, Diamant, …) zeigt zudem, daß die vier Nachbaratome in den Ecken eines Tetraeders angeordnet sind (Abb. 8/7). Wären an der Bindung die unveränderten $2p$-Orbitale des C-Atoms beteiligt, so müßten im Molekül CH$_2$ die beiden Nachbarn unter einem Winkel von etwa 90° zueinander liegen.

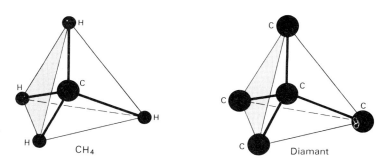

Abb. 8/7: Tetraederstruktur von Kohlenstoffverbindungen.

Wir haben bereits bei der Bildung des Wassermoleküls gesehen, daß die beiden an der Bindung beteiligten $2p$-Orbitale des Sauerstoffatoms durch die Bindung zweier Wasserstoffatome in ihrer Stellung zueinander verändert werden (Winkel 104,5° statt 90°), weil sich erst damit der stabile Gleichgewichtszustand, also der Zustand kleinster Energie ergibt. Die gleiche Ursache müssen offenbar alle hier aufgedeckten Diskrepanzen haben: Die Orbitale der ungebundenen Atome werden durch die Verbindung mit anderen Atomen wesentlich verändert. Diese Veränderungen erfolgen immer mit dem gleichen Ziel: Die Orbitale müssen letztlich so beschaffen sein, daß das Molekül einen Zustand kleinster Gesamtenergie annimmt.

Die Achsen der $2p$-Orbitale sind aufeinander normal; wir kennen bisher keine Orbitale, die etwa die Tetraederstruktur der Kohlenstoffverbindungen ergeben könnten. Es müssen also offenbar weitere neue Orbitale im Spiel sein. Wir stehen daher vor der Frage:

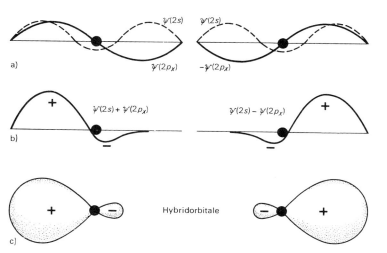

Abb. 8/8: Bildung zweier Hybridorbitale aus einem 2s-Orbital und einem 2p-Orbital ($sp^2$-Hybridisierung).

## Wie können aus den bisher besprochenen stationären Zuständen weitere stationäre Zustände gebildet werden?

Abb. 8/8a zeigt die Wahrscheinlichkeitsamplitude $\psi(2s)$ im 2s-Zustand entlang einer Geraden durch den Atomkern (vgl. Abb. 7/3b, d). Jedem Punkt ist in diesem Zustand eine zeitlich unveränderliche Amplitude zugeordnet. Das gleiche gilt für den 2p-Zustand mit der Wahrscheinlichkeitsamplitude $\psi(2p_x)$. Daher ergibt auch jede Linearkombination

$$\psi(2s, 2p) = A\psi(2s) + B\psi(2p_x); \quad (A, B \text{ reell}) \tag{8/4}$$

in jedem Punkt eine zeitlich unveränderliche Wahrscheinlichkeitsamplitude, also einen stationären Zustand. Die Wahl der Koeffizienten $A$ und $B$ wird nur durch die Forderung eingeschränkt, daß die über alle Volumelemente des Aufenthaltsraumes erstreckte Aufenthaltswahrscheinlichkeit

$$P = \int_V (A\psi(2s) + B\psi(2p_x))^2 \, dV = 1$$

sein muß, weil ja das Elektron mit Sicherheit irgendwo angetroffen werden muß. Diese Forderung muß ja schon an jede einzelne der Funktionen $\psi(2s)$ und $\psi(2p_x)$ gestellt werden. In Abb. 6/10e, h mußte daher die Fläche unter den Kurven den Betrag 1 haben. Je größer man $A$ wählt, desto kleiner muß man $B$ wählen.

8.5 *Hybridorbitale*

Gl. (8/4) ist eine Verallgemeinerung von Gl. (8/1) und daher auf ganz ähnliche Weise zu interpretieren: Ein Elektron kann sich z. B. in der L-Schale des Be-Atoms ($n = 2$) im $2s$-Zustand befinden, es kann sich aber auch im $2p_x$-Zustand befinden. Die Koeffizienten $A$ und $B$ vergleichen die Häufigkeiten, mit denen sich das Elektron im $2s$-Zustand bzw. im $2p_x$-Zustand befindet. Ist das Elektron ständig im $2s$-Zustand, so haben wir $A = 1$ und $B = 0$ zu setzen. Das ist der Zustand des Elektrons im ungebundenen Atom. Wäre das Elektron in beiden Zuständen mit gleicher Häufigkeit anzutreffen, so hätten wir $A = B$ zu setzen. Wie groß wir dabei $A$ und $B$ wählen müssen, ist nicht wichtig, wesentlich ist nur das Verhältnis und das Vorzeichen der beiden Koeffizienten. Abb. 8/8b zeigt die für $A = B$ und $A = -B$ resultierenden Wahrscheinlichkeitsamplituden, Abb. 8/8c zeigt eine schematische Darstellung der durch diese Überlagerung zweier verschiedener Orbitale im gleichen Atom entstehenden **Hybridorbitale**.

Weil ein Elektron in der L-Schale im $2s$-Zustand etwas kleinere Energie hat, als in einem $2p$-Zustand, befinden sich z. B. im Be-Atom beide Elektronen im $2s$-Zustand; das ist der Zustand kleinster Energie, also der stabile Gleichgewichtszustand des ungebundenen Be-Atoms. Zur Bildung eines Hybridorbitals ist Energie nötig. Dieses Hybridorbital ist aber durch seine weit nach einer Seite ausgreifende Elektronenverteilung zur Bindung anderer Atome offenbar besonders gut geeignet, es kann also etwa bei der Bindung eines H-Atoms besonders viel Energie freigesetzt werden, weit mehr, als zur Bildung des Hybridorbitals nötig ist.

Die Bildung von $BeH_2$ können wir nun leicht verstehen: Mit $A = B$ entsteht das schon besprochene Hybridorbital aus Abb. 8/8c. Mit $A = -B$ entsteht aber ebenso ein nach der entgegengesetzten Seite ausgreifendes Hybridorbital (Abb. 8/8c rechts). Jedes der beiden Orbitale ist mit je einem Elektron der L-Schale des Be-Atoms nur unvollständig besetzt und kann daher ein H-Atom binden. Beide Orbitale sind nun im $BeH_2$-Molekül mit je zwei Elektronen voll besetzt (Abb. 8/9). Wie beim Wassermolekül verhalten sich auch hier die beiden H-Atome wie positive Ionen. Wegen der zentrischen Symmetrie besitzt dieses Molekül aber kein Dipolmoment, die „Schwerpunkte" der positiven und negativen Ladung des Moleküls fallen zusammen.

Den Aufbau von $CH_4$ können wir schrittweise so verstehen (Abb. 8/10): Wir besetzen mit den 4 Elektronen der L-Schale die Zustände $2s$, $2p_x$, $2p_y$, $2p_z$. Dazu ist nur wenig Energie nötig, weil die Energieniveaus der $2p$-Elektronen vom Energieniveau eines $2s$-Elektrons nur wenig abweichen. Aus einem $2s$-Orbital und drei $2p$-Orbitalen könnten wir 6 ($2s$, $2p$)-Hybridorbitale bilden. Wir brauchen davon nur 4, die wir mit je einem Elektron besetzen. Auch dazu ist wieder ein wenig Energie

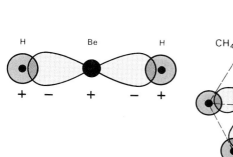

Abb. 8/9: Aufbau von BeH$_2$

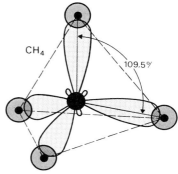

Abb. 8/10: Aufbau von CH$_4$ ($sp^3$-Hybridisierung)

nötig, wir haben jetzt 4 Valenzelektronen in zur Bindung von H-Atomen besonders gut geeigneten Orbitalen. Je zwei solche Orbitale schließen miteinander vorerst Winkel von 90° oder 180° ein. Jedes dieser Orbitale dient zur Bindung eines H-Atoms. Dabei bekommen wir jetzt wesentlich mehr Energie frei, als wir zur Bildung der Hybridorbitale benötigt haben. Durch die elektrische Abstoßung zwischen den Wasserstoffkernen werden diese Orbitale nun so ausgerichtet, daß größtmöglicher Abstand zwischen den Wasserstoffkernen (und damit kleinste potentielle Energie) besteht. Das ergibt die Tetraederstruktur mit dem typischen Valenzwinkel von 109,5°. Man erkennt gefühlsmäßig, daß die Richtungen der Hybridorbitale von Haus aus nur schlecht fixiert sind; ihre gegenseitige Lage im Molekül ist daher völlig durch die elektrischen Kräfte zwischen den an diesen Armen gebundenen Atomen (eher schon Ionen!) bestimmt.

Auf ähnliche Weise könnten wir nun einige weitere Besonderheiten der chemischen Bindung und kompliziertere Moleküle behandeln. Diese wenigen Beispiele zeigen aber deutlich genug, welche Bedeutung die Quantenmechanik für die Chemie hat: Erst mit Hilfe der Quantenmechanik konnte der Aufbau der Atomhüllen, die periodische Struktur der Elemente und die chemische Bindung verstanden werden. Das bedeutet genauer: Die wenigen Prinzipien der Quantenmechanik genügen, um die ungeheure Vielfalt von chemischen Vorgängen und Eigenschaften zu begründen. Mit Hilfe der Quantenmechanik wurde eine physikalische Grundlage der Chemie geschaffen und damit eine Vereinigung der beiden Wissenschaften vollzogen.

Abb. 9/1a: Schwingungen von zwei gleichen gekoppelten Pendeln; das linke Pendel wurde angestoßen und überträgt die Schwingungsenergie vollständig auf das rechte Pendel. Keines der beiden Pendel schwingt stationär. Aus den Pendelkörpern rieselt Sand auf eine darunter gleichförmig vorbeigezogene mit Samt bedeckte Platte.

# 9 Festkörper

## 9.1 Gekoppelte Schwingungen als Modell

Wir haben bisher zu verstehen versucht, wie etwa im Wasserstoffmolekül eine Bindung zustandekommt. Nun wollen wir die Energieniveaus in einem solchen System an einem mechanischen Modell untersuchen:
Die beiden Pendel in Abb. 9/1 sind zwei völlig gleiche schwingungsfähige Systeme. Wenn wir einen der Körper fixieren, kann der andere alleine schwingen. Er schwingt dann mit seiner Eigenfrequenz $f_1$ und zeitlich

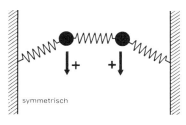
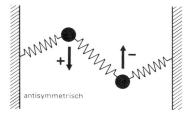

Abb. 9/1b: *Oben:* Die beiden gekoppelten Pendel schwingen stationär und longitudinal.
*Unten:* Transversale, symmetrische stationäre Schwingung von zwei gekoppelten Federpendeln (Grundschwingung).

Abb. 9/1c: *Oben:* Antisymmetrische, stationäre longitudinale Schwingung von zwei Fadenpendeln.
*Unten:* Der analoge transversale Schwingungszustand (1. Oberschwingung).

9.1 Gekoppelte Schwingungen als Modell

unveränderlicher Amplitude (sofern wir von der Reibung absehen). Das gleiche gilt für den anderen Schwinger. Diese Schwingungen sind also stationäre Zustände. Jedes der Systeme hat nur **einen** stationären Zustand, kann also nur auf diese **eine** Weise schwingen. Die Energie des schwingenden Einzelsystems ist:

$$E = \frac{mr^2\omega^2}{2} = \text{const.} \, f^2 \qquad (\omega = 2\pi f) \qquad (9/1)$$

Ebenso sind zwei voneinander getrennte Wasserstoffatome zwei voneinander unabhängige gleichartige Systeme im gleichen stationären Zustand.

Wenn wir nun keines der Pendel mehr festhalten, so bilden die beiden Pendel ein Gesamtsystem, das aus zwei völlig gleichen Teilsystemen besteht. Diese Teilsysteme können einander beeinflussen, sie sind miteinander gekoppelt. Ebenso können einander zwei Wasserstoffatome beeinflussen, wenn ihr Abstand relativ klein ist. Sie bilden ebenso ein Gesamtsystem wie die beiden Pendel. Den stationären Zuständen des Wasserstoffmoleküls (oder irgendeines anderen aus zwei **gleichen** Atomen bestehenden Moleküls) entsprechen die stationären Schwingungszustände der gekoppelten Pendel. Auf welche Weise können zwei gekoppelte Pendel stationär, also mit zeitlich unveränderlicher Amplitude, schwingen?

Wenn man eines der Pendel anstößt, so überträgt es seine Schwingungsenergie bald **vollständig** auf das andere Pendel (Abb. 9/1a), kommt also völlig zur Ruhe. Dann erfolgt die Energieübertragung in der umgekehrten Richtung ebenso. Das ist **kein** stationärer Zustand, weil sich die Schwingungsamplitude jedes Pendels ständig ändert.

Versetzt man aber nun **beide** Pendel in gleichphasige Schwingungen gleicher Amplitude (Abb. 9/1b), so ändert sich die Amplitude der beiden Pendel nicht mehr. Ob die beiden Pendel longitudinal oder transversal schwingen (wie die Federpendel in Abb. 1b unten) ist ohne Bedeutung. Weil die Pendel gleichphasig schwingen (die Amplituden haben gleiches Vorzeichen) nennen wir diesen stationären Schwingungszustand des Systems **symmetrisch**. Er entspricht dem Grundzustand des Elektrons im Wasserstoffmolekül.

Ebenso erhält man eine zeitlich unveränderliche Schwingung der beiden Pendel, wenn man sie in gegenphasige Schwingungen versetzt (Abb. 9/1c). Die Amplituden haben jetzt entgegengesetztes Vorzeichen, dieser stationäre Schwingungszustand ist **antisymmetrisch**, er entspricht dem antisymmetrischen Zustand des Elektrons im Wasserstoffmolekül. Weitere stationäre Zustände sind nicht möglich.

Hält man eines der Federpendel in Abb. 9/1 fest, so kann das andere nur mit einer einzigen ganz bestimmten Eigenfrequenz $f_1$ schwingen. Man erkennt aus Abb. 9/1b leicht, daß bei der symmetrischen Schwingungsform des gekoppelten Systems jedes der Pendel mit einer kleineren Frequenz schwingt, weil die rücktreibende Kraft der mittleren Feder entfällt. Daher gilt:

$$f_{\text{symm.}} < f_1 \Rightarrow E_{\text{symm.}} < E_1$$

Im antisymmetrischen Schwingungszustand ist aber die rücktreibende Kraft der mittleren Feder größer als bei der Schwingung eines Einzelpendels (Abb. 9/1c), jedes der Pendel schwingt daher jetzt mit höherer Frequenz und Energie:

$$f_{\text{antisymm.}} > f_1 \Rightarrow E_{\text{antisymm.}} > E_1$$

All das läßt sich durch Messung der Schwingungsfrequenzen leicht bestätigen und entspricht der Tatsache, daß ein Elektron des Wasserstoffmoleküls im Grundzustand (im bindenden Zustand) kleinere Energie und im antisymmetrischen Zustand (im antibindenden Zustand) größere Energie hat als im ungebundenen Wasserstoffatom.

Das Ergebnis ist also: Jedes der ungekoppelten Pendel hat nur **einen** stationären Schwingungszustand mit der Energie $E_1$. In dem aus zwei gleichen Teilsystemen bestehenden gekoppelten System erhalten wir stattdessen zwei stationäre Zustände mit verschiedener Energie. Ebenso spaltet der Grundzustand des Atomelektrons im ungebundenen Wasserstoffatom im Wasserstoffmolekül in zwei stationäre Zustände mit zwei verschiedenen Energieniveaus auf. Durch die gegenseitige Beeinflussung zweier Wasserstoffatome wird deren hohe Symmetrie gestört. Die Energieniveaus spalten dadurch ebenso auf, wie bei der Verzerrung eines Würfels zum Quader.

Unser Modell gibt also die Verhältnisse im Wasserstoffmolekül gut wieder. Es läßt sich zudem aber auf $N$ gleiche gekoppelte Teilchen verallgemeinern. Kristalle (Festkörper) sind solche aus gleichen Teilchen in regelmäßiger Anordnung bestehende gebundene (gekoppelte) Systeme. Wir dürfen daher erwarten, daß uns die Verallgemeinerung unseres Modells auf viele Teilchen zum Verständnis der Bindung von Atomen in Kristallen führt.

Abb. 9/2 zeigt die in einem System von drei gleichen gekoppelten Teilchen möglichen stationären Schwingungszustände. Es gibt jetzt drei solche Möglichkeiten zeitlich unveränderlicher Schwingung. Man erkennt rein anschaulich, daß Frequenz und Energie im ersten angeregten Zustand (Abb. 9/2b) ebenso groß sind, wie bei der Schwingung eines Einzelpendels, daß sie aber im Grundzustand kleiner und im zweiten angeregten Zustand größer sind.

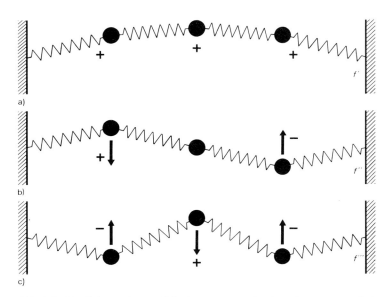

Abb. 9/2: Mögliche stationäre Schwingungszustände eines Systems von drei gleichen gekoppelten Teilchen.

In einem System von $N$ gleichartigen gekoppelten Pendeln sind $N$ verschiedene stationäre Zustände möglich. Jedem ist eine andere Schwingungsfrequenz und daher eine andere Energie zugeordnet. Jedes der Pendel kann also in diesem gebundenen System statt mit e i n e r Eigenfrequenz mit $N$ verschiedenen Eigenfrequenzen stationär schwingen und daher $N$ verschiedene Energieniveaus haben statt eines einzigen. Wir erwarten daher:

Jeder stationäre Zustand (jedes Energieniveau) eines ungebundenen Atoms spaltet in einem aus $N$ gleichen Atomen bestehenden Kristall in $N$ verschiedene Zustände (Energieniveaus) auf.

#### Aufgaben

9/1 Stellen Sie alle stationären Schwingungszustände von 5 gekoppelten Teilchen in Skizzen dar!

9/2 Betrachten Sie Abb. 9/2 als das Modell eines Seiles, das nur aus drei elastisch gekoppelten Massenpunkten besteht.
  a) Welche Schwingungsformen sind in Abb. 9/2 dargestellt?
  b) Warum hat eine Saite nicht unendlich viele Oberschwingungen?

## 9.2 Kristallbau, Bändermodell

Jede Bindung zwischen Atomen bedeutet einen Zustand kleinstmöglicher Energie. So wie beim Wasserstoffmolekül wird auch bei anderen Bindungen dieses Energieminimum bei einem ganz bestimmten Abstand zwischen den Atomkernen erreicht. Das bedeutet, daß sich die Atome immer wie Teilchen mit einer ganz bestimmten Größe verhalten. Der Zusammenschluß vieler gleicher Teilchen zu seinem Gesamtsystem kleinster Energie ergibt dann ganz automatisch eine regelmäßige Anordnung der Teilchen, also ein **Kristallgitter.** Abb. 9/3 demonstriert das an einem Seifenblasenmodell des Kristalls:
Aus einer Injektionsnadel tritt am Grund einer Schale mit Seifenlösung Gas unter konstantem Druck aus und bildet Blasen gleicher Größe. Sie schließen sich an der Oberfläche von selbst zu einer Anordnung kleinster Oberflächenenergie zusammen. Dieses Energieminimum ergibt sich bei einer regelmäßigen Anordnung der gleichen Teilchen. Mit ungleichen Teilchen kann ein Kristallgitter nicht aufgebaut werden. Jeder reale Kristall enthält Fehler der Gitterstruktur, wie sie auch in Abb. 9/3 vorkommen (Fremdatome, unbesetzte Gitterplätze,…).

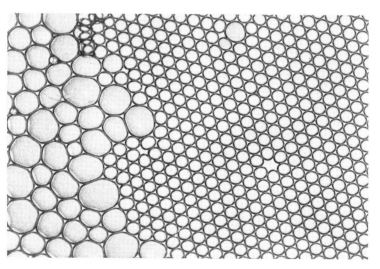

Abb. 9/3: Seifenhautmodell eines Kristalls; nur gleiche Teilchen (oder wenige Klassen gleicher Teilchen) können eine Gitterstruktur bilden. Das Gitter zeigt verschiedene Fehler, wie sie in jedem Kristall vorkommen.

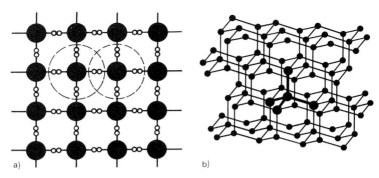

Abb. 9/4: a) Schema der Bindung von C-Atomen im Diamantgitter, b) Räumliche Anordnung der Atome.

Abb. 9/4a zeigt in einem ebenen Schema die Bindung der Kohlenstoffatome im Diamantgitter: Jedes Kohlenstoffatom ist durch seine vier Valenzelektronen der L-Schale an vier Nachbaratome gebunden. Zwei Valenzelektronen benachbarter Atome bilden ein gemeinsames Orbital. So wie beim Wasserstoffmolekül besteht hier durch die Überlappung der Orbitale eine kovalente Bindung. Jedes aus zwei Valenzelektronen gebildete Orbital ist mit diesen beiden Elektronen voll besetzt. Tatsächlich liegen die vier Nachbarn eines Atoms in den Ecken eines Tetraeders (Abb. 8/7 und Abb. 9/4b). Die L-Schale jedes Atoms ist mit 8 Elektronen voll besetzt. Jedes Atom ist durch vier „Stützen" in seiner Lage sehr gut fixiert; das macht die große Härte von Diamant verständlich.

Nun sind aber die $N$ Atome eines Kristalls alle Teile eines gebundenen Systems. Alle Elektronen sind durch elektrische Kräfte miteinander gekoppelt. Der Kristall ist ein einziges großes Molekül. In Abb. 9/5a ist $E_1$ das Energieniveau der beiden $1s$-Elektronen im ungebundenen C-Atom. In $N$ ungebundenen C-Atomen befinden sich $2N$ Elektronen im $1s$-Zustand. In dem aus $N$ Atomen bestehenden Kristall dürfen sich nur zwei Elektronen im gleichen Zustand befinden. Um diese $2N$ Elektronen unterzubringen, brauchen wir daher $N$ verschiedene Zustände. Unser Modell bewährt sich nun offensichtlich: Wenn der $1s$-Zustand tatsächlich im gekoppelten System in $N$ verschiedene Zustände aufspaltet, können wir darin tatsächlich ohne Verletzung des Pauliverbotes genau $2N$ Elektronen in durchwegs verschiedenen Zuständen unterbringen. Allerdings: Die Elektronen der K-Schale sind durch die Elektronen der L-Schale abgeschirmt, ihre Wechselwirkung mit anderen Atomen ist sehr gering, die den $N$ verschiedenen Zuständen im Kristall zugeordneten Energieniveaus werden sich voneinander daher nur ganz wenig unterscheiden. Sie bilden also ein ganz schmales **Energieband** mit fast kontinuierlich veränderlicher Energie. Weil das Energieniveau $E_1$ im C-Atom mit zwei Elektronen voll besetzt war, ist auch das ihm entsprechende Energieband im Kohlenstoffkristall voll besetzt.

Ähnliches gilt für die zur Bindung benützten Elektronen der L-Schale: Wir nehmen an, daß sich die vier Elektronen der L-Schale in den ungebundenen C-Atomen schon in den Hybridorbitalen befinden. Weil sich diese Orbitale nur durch ihre Richtung voneinander unterscheiden, dürfen wir annehmen, daß sich alle vier Elektronen im gleichen Energieniveau $E_2$ befinden ($E_2$ in Abb. 9/5a). Wenn jeder dieser vier Zustände im Kristall in $N$ verschiedene Zustände aufspaltet, erhalten wir insgesamt $4N$ verschiedene stationäre Zustände, in denen wir insgesamt $8N$ Elektronen unterbringen könnten. Tatsächlich brauchen wir nur $4N$ Elektronen unterzubringen. Mit ihnen werden im Grundzustand des Kristalls (also im Zustand tiefster Energie) die $2N$ Zustände niederster Energie mit je zwei Elektronen besetzt. Das sind offenbar die bindenden Zustände, in denen sich alle Valenzelektronen nun befinden. Die den bindenden Zuständen zugeordneten Energieniveaus bilden das **Valenzband.** Wegen der stärkeren Wechselwirkung der Valenzelektronen mit den Nachbaratomen erwarten wir eine etwas stärkere Aufspaltung der Energieniveaus als bei den Elektronen der K-Schale.

Die Situation ist ähnlich der im Wasserstoffmolekül: Der $1s$-Zustand des H-Atoms spaltet im Molekül $H_2$ in einen bindenden und einen antibindenden Zustand auf. Der bindende Zustand wird im Grundzustand des Moleküls von den beiden Valenzelektronen der zwei H-Atome besetzt. Der antibindende Zustand bleibt unbesetzt, weil sein Energieni-

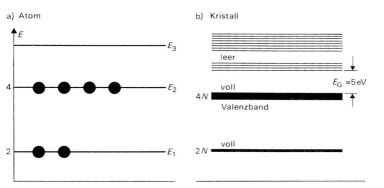

Abb. 9/5: a) Energieniveaus und ihre Besetzung im ungebundenen C-Atom (schematisch), b) Energiebänder und deren Besetzung im Diamantkristall.

veau deutlich höher liegt. Ebenso erwarten wir, daß die den $2N$ antibindenden Zuständen im Diamant zugeordneten Energieniveaus ein deutlich höher liegendes Energieband bilden, das im Grundzustand völlig unbesetzt bleibt. Wir erwarten, daß es noch weitere Bänder höherer Energie gibt, die den höheren Energieniveaus im ungebundenen C-Atom entsprechen, z. B. dem Energieniveau $E_3$. Alle diese Energieniveaus sind im Grundzustand unbesetzt. Höheres Energieniveau bedeutet schwächere Bindung eines Atomelektrons an ein bestimmtes Atom und stärkere Wechselwirkung (stärkere Kopplung) mit den Nachbaratomen. Die höheren Energieniveaus des C-Atoms werden daher stärker aufspalten, also breitere Energiebänder ergeben.

Die Lage der Energiebänder im Diamant kann aus seinen optischen Eigenschaften ebenso ermittelt werden, wie wir die Energieniveaus des H-Atoms aus seinem Absorptionsspektrum ermittelt haben: Lichtquanten im sichtbaren Spektralbereich erreichen Energien von etwa 3,3 eV ($\lambda = 370$ nm, Blaulicht). Daß Diamant farblos und durchsichtig ist, bedeutet also, daß eine Energie von 3,3 eV noch nicht ausreicht, um Elektronen aus dem voll besetzten Valenzband ins nächsthöhere unbesetzte Band (nur dort sind freie Plätze vorhanden) zu heben. Erst UV-Licht mit Energiequanten $hf \geq 5\,\mathrm{eV}$ wird absorbiert. Zwischen dem voll besetzten Valenzband und dem nächsthöheren unbesetzten Band besteht daher eine **Energielücke** (gap) $E_G = 5$ eV.

Die mittlere Translationsenergie der ungeordneten Molekularbewegung

$$\bar{E}_T = \tfrac{3}{2} kT; \quad k = 1{,}381 \cdot 10^{-23}\,\frac{\mathrm{J}}{\mathrm{K}} \quad \textbf{Boltzmannkonstante} \qquad (9/2)$$

ist bei Zimmertemperatur ($T \approx 300$ K) nur etwa 0,04 eV. Durch die Wärmebewegung bei Zimmertemperatur wird daher (fast) nie ein Elektron aus dem Valenzband in ein unbesetztes Energieband gehoben. Die Valenzelektronen bleiben von der Wärmebewegung völlig unberührt. Sie bleiben auch bei Zimmertemperatur im Valenzband fest gebunden, es gibt keine im Kristall beweglichen Elektronen. Diamant ist daher ein **elektrischer Isolator**.

Durch elektrischen Strom in Metallen und anderen Festkörpern werden Elektronen nur in sehr langsame Strömung versetzt, ihre Strömungsgeschwindigkeiten liegen unter 1 mm/s. Diese strömenden Elektronen müssen daher leicht verschiebbar sein und Energie in kleinsten Portionen aufnehmen können. Ihre Energie muß also praktisch kontinuierlich veränderbar sein. Solche Elektronen gibt es im Diamant (fast) nicht.

## 9.3 Halbleiter

Silizium ist mit Kohlenstoff eng verwandt: Das Siliziumatom hat ebenfalls vier Valenzelektronen. Sie sind in der M-Schale allerdings schwächer gebunden als die Valenzelektronen des C-Atoms in der L-Schale. Jedes Siliziumatom ist im Kristallgitter ebenso wie beim Diamant an vier Nachbaratome gebunden. Beim absoluten Nullpunkt ist daher auch im Siliziumkristall das Valenzband voll besetzt. Den Valenzelektronen ist jetzt die Hauptquantenzahl $n=3$ zugeordnet, beim Kohlenstoff war $n=2$. Da der Abstand der Energieniveaus mit wachsender Hauptquantenzahl (wie beim Energieniveauschema des H-Atoms) kleiner wird, ist aber jetzt die Energielücke zwischen dem voll besetzten Valenzband und dem darüberliegenden unbesetzten Band nur 1,2 eV.

Infolge der wesentlich kleineren Energielücke wird sichtbares Licht absorbiert; der Siliziumkristall ist daher undurchsichtig. Beim absoluten Nullpunkt ist er zwar ebenso wie Diamant ein Isolator; mit steigender Temperatur können aber wegen der viel kleineren Energielücke viel häufiger Elektronen durch die Wärmebewegung aus dem Valenzband ins unbesetzte Energieband gehoben werden. Höheres Energieniveau bedeutet schwächere Bindung an ein bestimmtes Atom; es bedeutet, daß sich das Elektron schon relativ weit von diesem Atomkern entfernt, daß sich sein Aufenthaltsraum (sein Orbital) schon in die Nachbaratome hinein erstreckt. Abb. 9/6 veranschaulicht diese Situation.

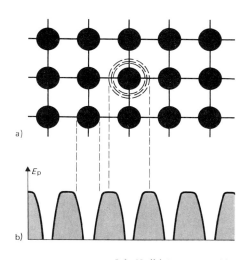

Abb. 9/6: Das Orbital eines angeregten Elektrons im Si-Kristall (a) reicht schon in Gebiete, in denen es von den Nachbaratomen durch keine Energiebarriere mehr getrennt ist. Die potentielle Energie des Elektrons (b) verläuft zwischen den abgeschlossenen Cors (Ne-Konfiguration) der Si-Atome sehr flach, weil die Kernladung durch Elektronen der K- und L-Schale weitgehend abgeschirmt wird.

Ein solches Elektron kann sehr leicht zu einem Nachbaratom übergehen und von dort ebenso zum nächsten Atom gelangen. Es kann also über weitere Strecken durch den Kristall diffundieren. Solange es dabei nur auf Atome trifft, in denen sich alle Valenzelektronen im Valenzband befinden (solange es also im Valenzband keinen leeren Platz findet), muß das Elektron im darüberliegenden Energieband verbleiben. Da sich das Elektron in diesem Band weiterbewegen kann, da seine Energie in diesem Band praktisch kontinuierlich veränderlich ist, weil die meisten Energieniveaus des Bandes ja unbesetzt sind, kann dieses Elektron Energie in geringsten Portionen aufnehmen. Es kann also durch ein elektrisches Feld im Kristall beeinflußt werden, es bewirkt elektrische Leitfähigkeit des Kristalls. Dieses Elektron ist daher ein **Leitungselektron**; dieses Band nennen wir ein **Leitfähigkeitsband** oder ein **Leitungsband.**

Je höher die Temperatur ist, desto häufiger werden Elektronen ins Leitungsband gehoben. Bei konstanter Temperatur muß ein Gleichgewicht zwischen der Bildung von Leitungselektronen und ihrem Rückfall in unbesetzte Zustände des Valenzbandes bestehen. Abb. 9/7 zeigt die Besetzung der Energieniveaus schematisch: Beim absoluten Nullpunkt ist das Leitungsband unbesetzt, das Valenzband ist voll besetzt, der Siliziumkristall ist ein Isolator. Bei höherer Temperatur $T$ werden vorwiegend Elektronen aus den höchsten Energieniveaus des Valenzbandes in die tiefsten Energieniveaus des Leitungsbandes gehoben. Die höchsten Energieniveaus des Valenzbandes sind daher nicht mehr voll besetzt, die niedersten Energieniveaus des Leitungsbandes sind am stärksten besetzt.

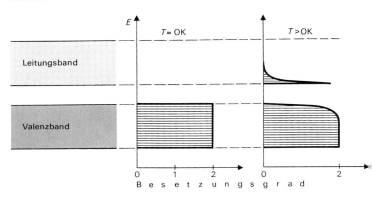

Abb. 9/7: Besetzung der Bänder eines Halbleiters beim absoluten Nullpunkt und bei höherer Temperatur. Der Besetzungsgrad gibt an, mit wievielen Elektronen das betreffende Energieniveau im zeitlichen Durchschnitt besetzt ist. Die Besetzung des Leitungsbandes ist stark übertrieben gezeichnet.

Mit steigender Temperatur wächst der Anteil der Elektronen im Leitungsband. Tatsächlich steigt die Leitfähigkeit von Silizium mit der Temperatur stark an. Sie erreicht aber bei Zimmertemperatur nur Werte, die um etwa 8 Zehnerpotenzen unter der Leitfähigkeit der Metalle liegen. Man nennt daher Silizium einen **Halbleiter**. Die Leitfähigkeit der Metalle ist nicht nur wesentlich größer, sie unterscheidet sich noch wesentlich dadurch von den Halbleitern, daß sie mit steigender Temperatur a b n i m m t.

Beim Element Germanium (Ordnungszahl 32) finden wir ähnliche Verhältnisse wie bei Silizium (Ordnungszahl 14). Der Abstand zwischen dem Valenzband und dem Leitfähigkeitsband ist aber infolge der höheren Ordnungszahl nur noch 0,7 eV. Es werden daher durch die Wärmebewegung noch häufiger Elektronen ins Leitungsband gehoben, die Leitfähigkeit ist größer als bei Silizium.

Dieses durch die Temperatur bestimmte Leitvermögen der r e i n e n Halbleiter nennt man ihr **Eigenleitvermögen.** Darüberhinaus können durch Bestrahlung mit Licht zusätzliche Leitungselektronen gebildet werden. Durch Bestrahlung sinkt daher der elektrische Widerstand des Halbleiters, er kann zur Lichtmessung dienen (**Photowiderstand**).

Die Leitfähigkeit der Halbleiter kann durch den Zusatz geringster Mengen von Fremdatomen (Verunreinigungen) ganz beträchtlich erhöht werden. Setzt man z. B. dem Halbleiter As-Atome bei, so werden sie anstelle von Si- oder Ge-Atomen im Kristallgitter eingebaut. Von den 5 Valenzelektronen eines As-Atoms können aber nur vier zur Bindung an die benachbarten Atome des Halbleiters benützt werden, weil in jedem Orbital nur 2 Elektronen Platz haben. Das fünfte Valenzelektron eines As-Atoms kann daher nur im Leitfähigkeitsband untergebracht werden. Unabhängig von der Temperatur liefert daher jedes dieser Fremdatome ein Leitungselektron. Solche Fremdatome heißen daher **Donatoren** (Elektronenspender). Der so entstandene Typ eines Halbleiters wird als **n-Leiter** bezeichnet (erhöhtes Leitvermögen durch einen Überschuß an negativen Ladungsträgern, **Elektronenüberschußleitung**).

Ebenso bewirkt aber auch der Einbau von Atomen mit nur drei Valenzelektronen (z. B. In) eine erhöhte Leitfähigkeit: Nun findet ein Valenzelektron eines Si-Atoms keinen Partner, mit dem es ein gemeinsames Orbital bilden kann. Es bleibt daher im Valenzband ein Platz unbesetzt (es entsteht ein **Elektronenloch**), weil eines der Energieniveaus nur mit e i n e m Elektron besetzt ist. Dieser freie Platz kann von einem anderen Elektron aus dem Valenzband besetzt werden, an dessen Stelle nun ein Elektronenloch entsteht. So können diese Löcher in ganz ähnlicher Weise durch den Kristall diffundieren wie ein Elektron im Leitungsband. Sie verhalten sich daher wie bewegliche positive Ladungsträger. Dieser Typ des Halbleiters ist ein **p-Leiter** (**Elektronenmangelleitung**).

Wieder verhalten sich Metalle ganz anders: Ihr elektrisches Leitvermögen wird durch Verunreinigungen (Fremdatome) stark verkleinert. Das weist darauf hin, daß sich die Metalle von den Halbleitern nicht nur quantitativ unterscheiden, daß vielmehr grundlegende Unterschiede bestehen. Wir können zusammenfassend festhalten:

Vollständig besetzte Energiebänder tragen zur Leitfähigkeit nicht bei. Unvollständig besetzte Bänder sind Leitungsbänder. Die Leitfähigkeit der reinen Halbleiter beruht auf der relativ kleinen Energielücke zwischen dem Valenzband und dem Leitfähigkeitsband (etwa 1 eV). Das Leitvermögen steigt mit der Temperatur und kann durch Fremdatome beträchtlich vergrößert werden.

### 9.4 Das Verhalten von Elektronen im Kristall

In allen Kristallen sind die Atomkerne und damit die gesamte positive elektrische Ladung an bestimmte Gitterplätze gebunden. Ein Ladungstransport (also ein elektrischer Strom) ist in Kristallen daher nur durch die Bewegung von Elektronen möglich. Wir haben bisher nur plausibel gemacht, daß Elektronen in den relativ hohen Energieniveaus des Leitfähigkeitsbandes ihren Platz im Kristallgitter ändern können. Diese Darstellung erweckt aber doch den Eindruck, daß jedes Elektron im Leitfähigkeitsband stets (wenn auch nur für kurze Zeit) an ganz bestimmte Atome gebunden ist, so wie das bei den Valenzelektronen der Fall ist. Die Bindung ist nur wesentlich schwächer.

Nun gilt aber für den elektrischen Strom sowohl in Halbleitern als auch in Metallen das Ohmsche Gesetz: Legt man an die Stirnflächen eines Leiters eine Spannung $U$, so ist die Stromstärke $I$ zu dieser Spannung proportional:

$$I = G \cdot U = \frac{G \cdot E}{l}.$$

($E$ elektrische Feldstärke, $l$ Länge des Leiters, $G$ Leitwert).

Besonders auffallend ist dabei die Tatsache, daß die Stromstärke auch bei sehr kleinen Spannungen, also bei sehr kleiner elektrischer Feldstärke und damit bei sehr kleiner Kraft $F = eE$ auf die Leitungselektronen zur Spannung proportional ist. Das bedeutet, daß schon geringste Kräfte genügen, um die Elektronen in Bewegung zu setzen, sie also von einem

Atom zum anderen im Kristallgitter zu befördern. Das wäre unmöglich, wenn die Leitungselektronen an bestimmte Atome gebunden wären, wenn also eine gewisse Mindestenergie nötig wäre, um sie von diesen Atomen zu trennen.

Die Beobachtungen sind aber mit der Annahme verständlich, daß es in den leitenden Kristallen (also in Halbleitern und Metallen, die durchwegs ein kristallines Gefüge zeigen) Elektronen gibt, die zwar an den Kristall als Ganzes, aber an kein bestimmtes Atom gebunden sind und in ihrer Bewegung innerhalb des Kristallgefüges nur durch einen Reibungswiderstand behindert werden.

Wir haben uns daher mit folgender Frage zu befassen:

**Wie verhält sich ein an kein bestimmtes Atom gebundenes Elektron in einem völlig regelmäßig gebauten Kristallgitter?**

Nehmen wir also einen völlig reinen und fehlerlosen Kristall an. Fehler und Verunreinigungen (Fremdatome) bedeuten ja Unregelmäßigkeiten. Wir müssen weiters annehmen, daß sich der Kristall auf dem absoluten Nullpunkt befindet, denn die Schwingungen der Gitterbausteine durch die Wärmebewegung bedeuten ebenfalls eine Störung des völlig regelmäßigen Aufbaues des Kristallgitters. Nach der klassischen Teilchenmechanik sollte man erwarten, daß sich im dichtgepackten Kristallgefüge kein Elektron ohne Zusammenstoß mit den Atomen bewegen kann, daß also seine mittlere freie Weglänge extrem klein ist. Nach der Quantenmechanik ist aber dem Elektron eine Welle zugeordnet. Um zu erfahren, wie sich das Elektron im Kristall verhält, müssen wir sehen, wie sich eine Welle beim Durchgang durch ein solches Gitter verhält. Jeder Gitterbaustein (jedes Atom im Kristall) ist ein Streuzentrum für diese Welle. Wenn die Wellenlänge des Elektrons $\lambda = \dfrac{h}{p}$ groß gegen die Streuzentren ist, wenn also Impuls und Energie des Elektrons nicht zu groß sind, hat die Form der Streuzentren keine Bedeutung, sie werden stets zum Zentrum einer Elementarwelle (Abb. 2/2 und 2/3). Einzelne Atome stellen also für ein Elektron tatsächlich ein Hindernis dar. Nach der klassischen Mechanik sollten viele Atome ein wirksameres Hindernis darstellen.

Abb. 9/8 zeigt, wie sich eine Welle an einer sehr großen Anzahl gleicher Streuzentren in völlig regelmäßiger Anordnung verhält: Wenn die Wellenlänge gegen den Abstand der Streuzentren (gegen den Abstand dicht besetzter Gitterebenen) groß ist, durchsetzt die Welle dieses Modell eines Kristallgitters völlig ungestört, also ohne nennenswerte Streuung. Sie wird nur etwas zurückgehalten, sie läuft also innerhalb

 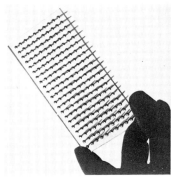

Abb. 9/8: Durchgang einer Wasserwelle durch eine regelmäßige Anordnung von Streuzentren (Nägel in einer Plexiglasplatte, rechts nochmals abgebildet).

des Gitters etwas langsamer, die Wellenlänge ist dort etwas kleiner. Jede Unregelmäßigkeit des Gitters führt zu merklicher Streuung. Wir kommen also zu dem etwas paradoxen Ergebnis:

Einander gleiche und regelmäßig angeordnete Hindernisse sind kein Hindernis für die Bewegung eines Elektrons. Ein Elektron kann sich in einem fehlerlosen Kristall ungehindert bewegen.

Zur Erklärung betrachten wir zuerst nur eine Gitterebene, gegen die eine ebene Welle läuft (Abb. 9/9a). Wir setzen voraus, daß die Wellenlänge sehr groß gegen den Abstand der Gitterpunkte ist. Jeder Gitterbaustein wird zum Zentrum einer Elementarwelle (Kugelwelle). Wir greifen jene Wellenstrahlen aus den Streuwellen heraus, die nach einem beliebig gelegenen aber sehr weit entfernten Punkt P weisen (sie sind parallel). A ist eine Wellenfläche der einfallenden Welle; alle Punkte auf A schwingen daher gleichphasig. Die Fläche B ist so konstruiert, daß jeder Wellenstrahl von A nach B den gleichen Weg $(a+b)$ zurücklegt. Die Strecken $\Delta s$ sind daher die Wegunterschiede der Wellenstrahlen von A nach dem Punkt P. Diese Wegunterschiede bewirken einen Phasenunterschied der in P von den einzelnen Elementarwellen erregten Schwingungen. Da die Gitterpunkte äquidistant liegen, sind auch die Wellenstrahlen, ihre Gangunterschiede nach P und die Phasenverschiebungen $\Delta\varphi$ in P äquidistant. Die Amplituden der in P erregten Schwingungen stellen wir durch Zeiger dar, deren Länge den Betrag der Amplitude anzeigt und deren Richtung die Phasenlage angibt (Abb. 9/9a, rechts). Die Summe dieser Zeiger ist die resultierende Amplitude in P.

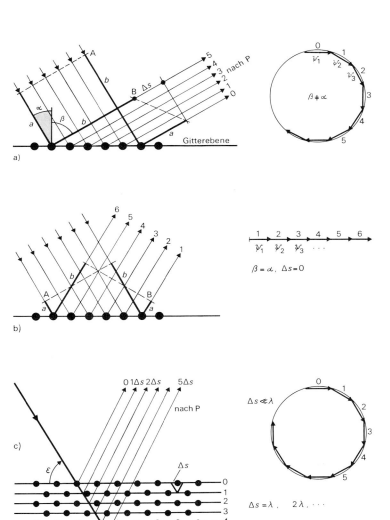

Abb. 9/9: a) Die an einer Gitterebene reflektierten Wellenanteile löschen einander stets aus, wenn der Reflexionswinkel ungleich dem Einfallswinkel ist.
b) Nur wenn $\alpha = \beta$ ist, interferieren die reflektierten Wellenanteile konstruktiv.
c) Die an vielen Gitterebenen reflektierten Wellenanteile löschen einander stets aus, wenn die Wellenlänge groß gegen den Gangunterschied benachbarter Wellenstrahlen ist.

9.4 *Das Verhalten von Elektronen im Kristall*

Dieses Zeigerdiagramm läuft ständig im Kreis. Die an einer mehr oder weniger großen Anzahl von Gitterpunkten gestreuten Wellen löschen einander also in P durch Interferenz immer wieder aus. Konstruktive Interferenz erfolgt nur dann, wenn $\Delta\varphi=0$ ist. Dann ist auch B eine Wellenfläche, $\Delta s=0$, die Zeiger sind gleichgerichtet (Abb. 9/9b) und ergeben maximale Schwingungsamplitude.

Eine einzelne Gitterebene reflektiert also die einfallende Welle nur in einer durch das bekannte Reflexionsgesetz bestimmte Richtung, in allen anderen Richtungen löschen einander die reflektierten Wellen durch Interferenz aus. Der Unterschied zu einer festen Wand liegt nur darin, daß die Gitterebene nur einen sehr geringen Teil der Welle reflektiert, der Großteil durchsetzt die Gitterebene.

In einem Kristall liegen nun viele solche Gitterebenen hintereinander (Abb. 9/9c). Jede von ihnen reflektiert einen kleinen Teil der einfallenden Welle nach dem Reflexionsgesetz. Die nach dem Punkt P laufenden Wellenstrahlen haben äquidistante Gangunterschiede. Wenn die Amplituden der in P erregten Schwingungen (fast) gleiche Beträge haben, ergibt sich ebenso Auslöschung wie in Abb. 9/9a. An einer sehr großen Anzahl von Gitterebenen erfolgt also fast keine Reflexion. Konstruktive Interferenz der reflektierten Wellen erfolgt nur, wenn der Gangunterschied der an benachbarten Gitterebenen reflektierten Wellen ein ganzes Vielfaches der Wellenlänge ist (**Braggreflexion**). Ist $\lambda \gg d$, so ist das nur bei extrem kleinem Winkel $\varepsilon$ möglich.

In den Abb. 9/10 ist angenommen, daß die an 6 aufeinanderfolgenden gleichen Gitterpunkten reflektierten Wellenanteile einander in P auslöschen, wenn das Gitter völlig regelmäßig ist. Abb. 9/10a zeigt, daß diese Auslöschung nicht mehr eintritt, wenn ein Fremdatom im Gitter stärker streut. Abb. 9/10b zeigt, daß jede Ungleichheit in den Abständen der Gitterpunkte ebenso zu einer allseitigen Zerstreuung der Welle führt. Ein fehlender Gitterbaustein bewirkt wie ein überschüssiges Teilchen eine allseitige Streuung (Abb. 9/10c). Jede solche Streuung der Welle an Unregelmäßigkeiten des Gitters bedeutet, daß ein gewisser Teil der Elektronen den Kristall nicht ungehindert durchsetzt, sondern an den Unregelmäßigkeiten in alle mögliche Richtungen zerstreut wird. Wir kommen somit zu folgendem Ergebnis:

In einem völlig fehlerlosen Kristallgitter können sich Elektronen frei bewegen, solange ihre Wellenlänge sehr groß gegen die Gitterkonstante ist. Jede Störung des Kristallgitters führt aber zu einer Streuung der Elektronen.

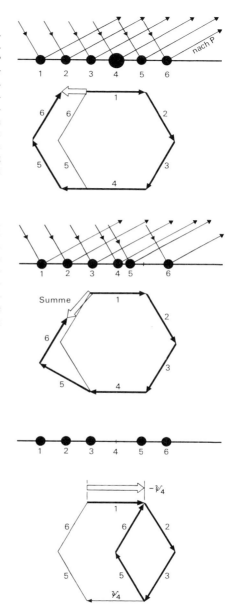

Abb. 9/10: a) Die an sechs gleichen Teilchen gestreuten Wellen würden einander in P auslöschen. Ein stärker streuendes Fremdatom (4) bewirkt eine von Null verschiedene Amplitude in P. Die Welle wird nicht nur nach dem Reflexionsgesetz reflektiert (wie in Abb. 9/9 b), sondern durch die größere Streuung am Fremdatom nach allen Richtungen zerstreut.

b) Das Atom 5 ist dem Atom 4 zu nahe. Die am Atom 5 gestreute Welle hat daher gegenüber der am Atom 4 gestreuten Welle zu kleinen Phasenunterschied. Das verhindert wieder die bei völlig regelmäßiger Anordnung mögliche Auslöschung der Streuwellen in P.
Solche Abweichungen von der regelmäßigen Anordnung werden vor allem durch die Wärmebewegung verursacht.

c) ein im Gitter fehlendes Atom verhindert ebenso die Auslöschung. Der fehlende Baustein verursacht in P die gegengleiche Amplitude wie ein überschüssiger Baustein an diesem Platz; er wirkt also wie ein überschüssiges gegenphasig streuendes Teilchen.

9.4 *Das Verhalten von Elektronen im Kristall* 133

In einem fehlerlosen Kristall können sich also die Leitungselektronen frei bewegen. Daß Metalle ein viel größeres Leitvermögen haben als Halbleiter, kann nur daran liegen, daß in ihnen die Anzahl der Leitungselektronen/m$^3$ wesentlich größer ist. Daß sich Elektronen in Halbleitern und Metallen tatsächlich nicht ungehindert bewegen, daß also etwa energiearme Elektronen eine Metallschicht nicht ungehindert durchsetzen, daß alle Leiter dem elektrischen Strom einen Widerstand entgegensetzen, liegt nur an den Unregelmäßigkeiten der Gitterstruktur: Jede Streuung der den Elektronen zugeordneten de Broglie-Wellen bedeutet, daß die Leitungselektronen an Gitterbausteinen gestreut werden, also mit ihnen zusammenstoßen und dabei die im elektrischen Feld erlangte Bewegungsenergie teilweise abgeben und so in ungeordnete Wärmebewegung verwandeln. Damit wird das Ansteigen des elektrischen Widerstandes von Metallen durch Verunreinigungen verständlich. Durch die Wärmebewegung wird die regelmäßige Anordnung der Gitterbausteine im Kristall gestört. Deshalb steigt der elektrische Widerstand der Metalle mit der Temperatur. Dieser Effekt ist natürlich auch bei den Halbleitern vorhanden. Er wird aber durch die Vermehrung der Leitungselektronen mit wachsender Temperatur überkompensiert. Daß Metalle bei sehr tiefer Temperatur besser leiten (im Gegensatz zu den Halbleitern), zeigt, daß in den Metallen auch bei tiefer Temperatur Leitungselektronen vermutlich in unveränderter Anzahl vorhanden sind. Nur die verminderte Störung des Gitters bei tieferer Temperatur bewirkt den kleineren elektrischen Widerstand. Die Leitungselektronen werden also im Metall offenbar nicht (wie im reinen Halbleiter) durch die Wärmebewegung gebildet; sie müssen bereits bei der metallischen Bindung entstehen.

Die Leitungselektronen befinden sich in einem gasähnlichen Zustand: So wie sich Gasmoleküle innerhalb des Gefäßes ohne Bindung an einen bestimmten Platz frei bewegen können, so können sich die Leitungselektronen ohne Bindung an ein bestimmtes Atom innerhalb des Kristalls frei bewegen. So wie die Translationsenergie der Gasmoleküle (nach der klassischen Mechanik) kontinuierlich veränderlich ist, so ist auch die Bewegungsenergie der Leitungselektronen im Leitfähigkeitsband (fast) kontinuierlich veränderlich, weil dort eine ungeheure Anzahl äußerst dicht liegender Energieniveaus zur Verfügung steht, die nur unvollständig besetzt sind. Man spricht daher von einem **Elektronengas** der Metalle.

## 9.5 Die metallische Bindung

**Wie kommt das Elektronengas der Metalle zustande?
Warum entweicht es nicht aus dem Metall?
Wie werden die Atome in Metallen zusammengehalten?**

Das sind die Fragen, mit denen wir uns nun zu befassen haben. Typische Metalle sind z. B. die Elemente Lithium, Natrium und Kalium. Sie haben nur ein relativ lose gebundenes Valenzelektron in der äußersten Schale (Abb. 9/11). Der Atomkern und die voll besetzten inneren Elektronenschalen bilden ein sehr stabiles positives Cor mit Edelgaskonfiguration. Diese Cors können keine Bindung miteinander eingehen, sie stoßen einander stets ab und bleiben sicher auch in einem Kristallgefüge weitgehend unverändert. Mit nur einem Valenzelektron können Li- oder Na-Atome nicht wie C- oder Si-Atome an mehrere Nachbarn im Kristall gebunden werden. Die Bindung muß auf eine andere Weise erfolgen.

Abb. 9/11 zeigt oben die regelmäßig angeordneten Cors von Na-Atomen (Na$^+$) und darunter die potentielle Energie eines Elektrons im Feld dieser Cors: Will man ein Elektron von einem der Kerne zum nächsten bewegen, so muß man zuerst die volle elektrische Anziehungskraft des Kerns überwinden, weil die negative Ladung der Elektronen aus den umgebenden Schalen wirkungslos ist (vgl. Abb. 8/4). Die potentielle Energie steigt daher innerhalb jedes Cors steil an. Außerhalb des Cors ist aber nur mehr die Gesamtladung des Cors (also eine positive Elementarladung) wirksam. Außerdem erleichtert die Anziehung durch

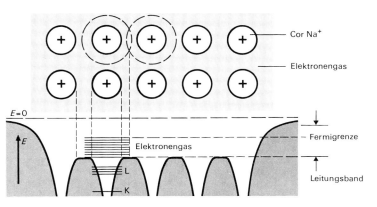

Abb. 9/11: Metallische Binden (schematisch).

das Nachbarion nun die Verschiebung. Die Verschiebung des Elektrons zwischen den Cors erfordert daher nur mehr sehr wenig Arbeit, die potentielle Energie des Elektrons ändert sich dort fast nicht. An der Kristalloberfläche steigt die potentielle Energie auf einen höheren Wert, weil dort die Anziehung durch Nachbaratome wegfällt.

In Abb. 9/11 sind für zwei Natriumatome die $3s$-Orbitale der Valenzelektronen angedeutet. Während sich die Elektronen der K- und L-Schale nahe dem Kern auf tiefem Niveau der potentiellen Energie befinden und vom Nachbaratom durch eine hohe Energiebarriere getrennt sind, verlaufen die Orbitale der Valenzelektronen im Gebiet fast konstanter potentieller Energie und reichen schon in den Bereich der Nachbaratome hinein. So ein Elektron ist vom Nachbaratom durch keine Energiebarriere getrennt, es kann seinen Platz im Kristall leicht verändern. Es wird offenbar zu einem freien Elektron. Es ist an kein bestimmtes Atom gebunden, es wird aber durch den Energiewall an der Kristalloberfläche am Verlassen des Metalls gehindert, es ist also an den Kristall als Ganzes gebunden.

Damit können wir nun die größte Schwierigkeit beim Verständnis der metallischen Bindung erkennen: Bei allen bisher besprochenen Bindungsarten konnten wir immer eine Bindung zwischen benachbarten Teilchen feststellen. Von einer solchen Bindung benachbarter Atome ist hier nichts zu sehen; im Gegenteil: Die positiven Cors der Na-Atome stoßen einander ab; die Valenzelektronen benachbarter Atome bilden kein gemeinsames Orbital, es besteht keine kovalente Bindung. Die metallische Bindung bleibt unverständlich, wenn man nach einer Bindung zwischen benachbarten Atomen sucht. Weil das Elektronengas dem Kristall als Ganzes zugeordnet ist, kann auch die metallische Bindung nur verstanden werden, indem man den Kristall als Gesamtsystem betrachtet. Wir stehen damit vor der Frage:

**Wodurch ist der Energieinhalt eines aus $N$ positiven Cors und $N$ Leitungselektronen bestehenden Metallkristalls bestimmt?**

**1. Die potentielle Energie des Systems** behandeln wir in Abb. 9/12 an einem eindimensionalen Modell: Zwischen den positiven Teilchen sei die gegengleiche negative Ladung (das Elektronengas) gleichmäßig entlang des grauen Bandes verteilt. Haben die positiven Teilchen je eine Elementarladung, so liegt zwischen je zweien auch eine negative Elementarladung. Diese negative Ladung versucht den Abstand der positiven

Abb. 9/12: Eindimensionales Modell eines Metalls.

Cors mit einer Kraft zu verkleinern, die größer ist als die abstoßende Kraft zwischen den Cors; der Abstand der negativen Ladung von jedem der Cors ist nämlich stets kleiner als der Abstand der Cors voneinander. Diese „Kette" wird daher bestrebt sein, sich zusammenzuziehen. Das bedeutet: Die potentielle elektrische Energie des Kristalls wird um so kleiner sein, je kleiner sein Volumen wird. Man erkennt auch leicht, daß sich die kleinste potentielle Energie bei gegebener Länge unserer Kette bei gleichen Abständen der Bausteine einstellt: Nur dann besteht Gleichgewicht zwischen der abstoßenden Wirkung der beiden Nachbarteilchen eines Cors. Um ein Teilchen etwa nach links zu verschieben, muß man Arbeit gegen die nun überwiegende Abstoßung seitens des linken nähergelegenen Teilchens verrichten.

Kurz können wir also sagen: Positive und negative Ladungsträger sind infolge der elektrostatischen Anziehung stets bestrebt, möglichst kleines Volumen einzunehmen. Je kleiner das Volumen ist, desto kleiner ist die potentielle Energie des Systems.

**2. Die Bewegungsenergie des Systems** besteht beim absoluten Nullpunkt der Temperatur (fast) ausschließlich aus der Nullpunktsenergie des Elektronengases. Ist ein Elektron an ein bestimmtes Atom gebunden, so ist sein Aufenthaltsraum sehr klein. Nach Gl. (6/10) sinkt die Nullpunktsenergie sehr schnell ab $\left(\frac{1}{X^2}!\right)$, wenn man den Aufenthaltsraum vergrößert. Wird das an ein Atom gebundene Elektron zu einem freien Elektron, so steht ihm der gesamte Kristall als Aufenthaltsraum zur Verfügung. Die Bewegungsenergie des Elektrons wird daher stark vermindert. Der Kristall als Ganzes bildet den Kasten, in dem das Elektron durch den an den Grenzflächen bestehenden Energiewall eingeschlossen ist.

Nun sind aber alle Elektronen des Elektronengases Teile eines gebundenen Systems. Es gilt daher das Pauliverbot: Im Zustand geringster Bewegungsenergie können sich nur zwei Elektronen (Spin $+\frac{1}{2}$, $-\frac{1}{2}$) befinden. Die beiden nächsten Elektronen müssen bereits im nächsthöheren Energieniveau untergebracht werden. Da unser Kasten sehr groß ist, ist das Nullniveau der Bewegungsenergie und der Abstand der Energieniveaus außerordentlich klein, sie bilden ein (fast) kontinuierliches Energieband. Beim absoluten Nullpunkt der Temperatur (also im Zustand kleinster Bewegungsenergie) werden die Energieniveaus (beim tiefsten Niveau beginnend) lückenlos mit je zwei Leitungselektronen besetzt, solange der Vorrat reicht. Man nennt diese Bewegungsenergie des Elektronengases die **Fermienergie** und das höchste besetzte Energieniveau die **Fermigrenze** $E_F$ (Abb. 9/11). Damit werden wir uns später genauer befassen.

Wenn wir also auch nicht alle Leitungselektronen in ganz tiefen Niveaus der Bewegungsenergie unterbringen können, so ist doch die Bildung des Elektronengases dadurch verständlich, daß so gegenüber den an einzelne Atome gebundenen Elektronen ein Zustand kleinerer Gesamtbewegungsenergie erreicht wird. Diese Gesamtbewegungsenergie des Elektronengases wird aber um so kleiner, je größer der Kristall ist, je größer also die Abstände seiner Bausteine sind. Bei einer Verkleinerung des Kristalls gewinnen wir also potentielle elektrische Energie (die potentielle Energie des Systems sinkt), wir müssen aber zur Vergrößerung der Fermienergie dabei Arbeit verrichten (die Bewegungsenergie des Systems steigt).

Die Situation ist im wesentlichen die gleiche, wie bei der Bildung des Wasserstoffatoms:

Die potentielle Energie von elektrischen Ladungsträgern ist stets zu ihren Abständen verkehrt proportional:

$$E_p \sim -\frac{1}{r} \quad \text{(Kurve } E_p \text{ in Abb. 7/2, Gl. (7/1))}$$

Die Nullpunktsenergie (Fermienergie) ist stets zum Quadrat der Abmessungen des Aufenthaltsraumes verkehrt proportional:

$$E_k \sim \frac{1}{r^2} \quad \text{(Kurve } E_k \text{ in Abb. 7/2, Gl. (6/9) und (7/2))}$$

Die Summe dieser Energien hat für einen bestimmten Abstand $r$ stets ein Minimum (Kurve $E_p + E_k$ in Abb. 7/2). Es gibt also einen ausgezeichneten Zustand kleinster Gesamtenergie. Das ist der stabile Gleichgewichtszustand des Systems. Wir können also zusammenfassend feststellen:

> Bei der metallischen Bindung gibt jedes Metallatom mindestens ein Leitungselektron ab. Diese Leitungselektronen sind an kein bestimmtes Atom gebunden und können sich innerhalb des idealen Kristalls frei bewegen. Sie bilden das Elektronengas. Die Leitungselektronen besetzen beim absoluten Nullpunkt der Temperatur das Leitungsband bis zur Fermigrenze lückenlos. Die Summe aus der Fermienergie und der potentiellen elektrischen Energie ist im stabilen Gleichgewichtszustand ein Minimum. Der Gleichgewichtszustand ist maßgeblich durch ein ganz bestimmtes Kristallvolumen (eine bestimmte Dichte) bestimmt. Der Metallcharakter ist bei jenen Elementen besonders ausgeprägt, deren Atome aus einem Cor mit Edelgaskonfiguration und wenigen relativ lose gebundenen Valenzelektronen bestehen.

## 9.6 Das Elektronengas

**Wie verhält sich das Elektronengas?**
**Verhält es sich wie ein ideales Gas?**

Reale Gase befolgen bei genügend hoher Temperatur und nicht zu großer Dichte (solange das Eigenvolumen der Moleküle klein ist gegen das Gasvolumen) die **Zustandsgleichung des idealen Gases**:

$$p = \tfrac{2}{3} n \bar{E}_T \quad \text{mit} \quad \bar{E}_T = \tfrac{3}{2} kT \Rightarrow p = nkT = \frac{N}{V} kT \qquad (9/3)$$

| | |
|---|---|
| $p$ Gasdruck | $k$ Boltzmannkonstante |
| $n$ Teilchendichte | $N$ Anzahl der Teilchen |
| $\bar{E}_T$ mittlere Translationsenergie | $V$ Gasvolumen |

Der Druck des idealen Gases ist also nur durch die Teilchendichte $n$ und die Temperatur $T$ bestimmt. Die Teilchenmasse ist ohne Einfluß. Alle Teilchen haben die gleiche mittlere Translationsenergie, nehmen also in gleicher Weise an der Wärmebewegung teil. Die Wechselwirkung zwischen den Teilchen wird im idealen Gas vernachlässigt.
Ein Leitungselektron kann sich im Kristallgefüge frei bewegen. Da jedes Leitungselektron allseits gleichmäßig von anderen Leitungselektronen umgeben ist, deren Kräfte sich weitgehend aufheben, werden wir auch die Wechselwirkung der Leitungselektronen untereinander vernachlässigen. Wir betrachten daher folgende Modellsituation:
In einem Metallwürfel mit $V = X^3$ sind $N$ Leitungselektronen eingeschlossen. So wie Gasatome durch ein Gefäß eingeschlossen werden, so werden diese Elektronen durch den Energiewall an der Metalloberfläche eingeschlossen. Wir haben in Abschnitt 6.4 gezeigt, daß die Elektronen in dieser Box nur bestimmte stationäre Zustände mit den Energieeigenwerten

$$E_{a,b,c} = \frac{h^2}{8mX^2}(a^2 + b^2 + c^2), \quad a,b,c = 1,2,3,\ldots$$

annehmen können. Jedem Tripel $(a,b,c)$ von Quantenzahlen ist ein solcher Zustand zugeordnet. Beim absoluten Nullpunkt werden alle diese Zustände bis zu einem Zustand mit einer gewissen Höchstenergie $E_F$ (Fermigrenze) lückenlos mit je zwei Elektronen besetzt.
Alle Energieniveaus über der Fermigrenze sind beim absoluten Nullpunkt unbesetzt (Abb. 9/13a). Da $X$ groß ist, ist der Abstand der Energie-

niveaus außerordentlich klein. Sie bilden ein Band fast kontinuierlich veränderlicher Energie. Wir wollen nun versuchen, einige wichtige Eigenschaften der Metalle mit diesen Vorstellungen zu verstehen.

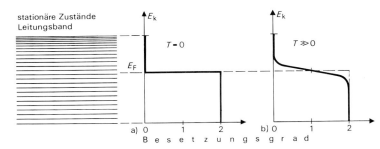

Abb. 9/13: Besetzung der stationären Zustände durch die Leitungselektronen des Metalls, a) beim absoluten Nullpunkt, b) bei höherer Temperatur.

## 1. Die spezifische Wärme der Metalle

Die Wärmebewegung der Gitterbausteine eines Kristalls besteht in Schwingungen um ihre stabile Gleichgewichtslage. Dadurch wird die Regelmäßigkeit des Gitters gestört. Die Leitungselektronen können sich daher nicht mehr völlig ungestört durch das Gitter bewegen, sie treten mit den Gitterbausteinen in Wechselwirkung und können aus ihnen Energie aufnehmen. Dadurch werden vor allem Elektronen an der Fermigrenze in etwas höhere Energieniveaus gehoben, unterhalb der Fermigrenze entstehen unbesetzte Zustände (Abb. 9/13b). Wir haben schon gesehen, daß bei Zimmertemperatur die mittlere Translationsenergie nur sehr klein ist (etwa 0,04 eV). Elektronen aus tieferen Energieniveaus werden daher nur sehr selten in Energieniveaus über der Fermigrenze gehoben. Die dadurch entstehenden freien Plätze werden zudem schnell wieder durch Elektronen aus höheren Energieniveaus besetzt. Bei Zimmertemperatur wird daher die Besetzung der möglichen stationären Zustände nur an der Fermigrenze etwas verändert, der überwiegende Teil der Elektronen bleibt von der Wärmebewegung völlig unberührt. Das bedeutet, daß der Großteil der Leitungselektronen an der Wärmebewegung überhaupt nicht teilnimmt.

Um ein ideales Gas zu erwärmen, muß man die mittlere Translationsenergie aller Teilchen gleichermaßen erhöhen, der Druck ist zur Temperatur proportional. Bei der Erwärmung des Elektronengases erfordern nur ganz wenige Teilchen zusätzliche Energie, der Energieaufwand ist daher sehr klein, das Elektronengas trägt bei mäßiger Temperatur zur spezifischen Wärme des Metalls fast nichts bei. Sie ist daher sehr gering, wächst aber mit steigender Temperatur etwas an (warum?). Der Druck des Elektronengases wird sich bei mäßigem Erwärmen fast nicht ändern.

Bei hoher Temperatur gelangen Elektronen auch in relativ hohe Energieniveaus und können dann die Energieschwelle an der Metalloberfläche überschreiten. Das ist der **glühelektrische Effekt** (Richardsoneffekt, Glühelektronenemission).

## 2. Die Leitfähigkeit der Metalle

Da die Elektronen des Elektronengases Energie in beliebig kleinen Portionen aufnehmen können und frei beweglich sind, bewirken sie eine hohe elektrische Leitfähigkeit der Metalle. Aus der um etwa 8 Zehnerpotenzen kleineren Leitfähigkeit der Halbleiter erkennen wir, daß bei den Halbleitern durch die Wärmebewegung bei Zimmertemperatur nur etwa eines von $10^8$ Elektronen aus dem Valenzband ins Leitungsband gehoben wird. Ein Zusatz von Fremdatomen in der gleichen Größenordnung beeinflußt daher die Eigenschaften eines Halbleiters schon ganz wesentlich.

Fremdatome (Verunreinigungen) und höhere Temperatur verändern die Anzahl der Leitungselektronen in Metallen nicht wesentlich, sie führen aber zur Streuung der Elektronen an den Unregelmäßigkeiten des Gitters, verkleinern also ihre mittlere freie Weglänge. Bei solchen Zusammenstößen geben die Leitungselektronen die im elektrischen Feld des Stromleiters gewonnene Bewegungsenergie als Energie der ungeordneten Wärmebewegung an die Gitterbausteine ab. Kupfer für Leitungszwecke muß daher hochgradig gereinigt werden (**Elektrolytkupfer**).

Die hohe Wärmeleitfähigkeit der Metalle ist ebenfalls durch die sehr große mittlere freie Weglänge der Leitungselektronen bedingt: Erwärmt man ein Metall an einer Stelle, so werden dort mehr Leitungselektronen in höhere Energieniveaus gehoben. Infolge der großen freien Weglänge können diese Elektronen ihre zusätzliche Energie sehr schnell an relativ weit entfernte Gitterbausteine übertragen. Die Gitterbausteine selbst können Energie immer nur an die nächsten Nachbarn abgeben.

Da die Leitungselektronen Energie in beliebigen Portionen aufnehmen können, können sie Lichtquanten jeder Frequenz absorbieren. Die Metalle sind daher für elektromagnetische Strahlung jeder Wellenlänge undurchlässig. Photonen, deren Energie ausreicht, um Leitungselektronen über den an der Metalloberfläche bestehenden Energiewall zu heben, können zum **photoelektrischen Effekt** führen.

## 3. Die plastische Verformbarkeit der Metalle

Während Diamant oder andere nicht metallische Kristalle schon bei geringer Verformung brechen, sind die reinen Metalle plastisch verformbar: Man kann einen Kupferdraht mit fast gleichbleibender Kraft beträchtlich dehnen. Die Dehnung wird nicht zurückgebildet. Ebenso kann man Eisen, Silber, Gold oder Kupfer durch Schmieden oder Walzen bleibend verformen, ohne daß sie brechen. Die metallische Bindung ist nicht so sehr durch eine Bindung zwischen benachbarten Teilchen gekennzeichnet; entscheidend für den stabilen Gleichgewichtszustand des Systems war ein bestimmtes Volumen des Systems. Dieses Volumen wird aber bei Verformungen nicht geändert. Die Metalle sind also den Flüssigkeiten ähnlich, die zwar ein bestimmtes Volumen, aber keine bestimmte Form haben.

### Aufgaben

9/3 Warum werden Fremdatome im Diamantgitter die Klarheit des Kristalls stark vermindern?

9/4 Warum ist die experimentelle Untersuchung der Eigenschaften von Halbleitern sehr schwierig? Warum wurden ihre Eigenschaften daher erst sehr spät entdeckt?

9/5 Das H-Atom ist den Metallatomen Li, Na sehr ähnlich.
   a) Warum ist fester Wasserstoff trotzdem kein Metall?
   b) Wie könnte Wasserstoff zur Bildung eines Metalls gezwungen werden? (In Jupiter geschieht das)

9/6 a) Wie groß ist nach Gl. (9/3) die Teilchendichte $n_0$ eines idealen Gases bei Normalbedingungen ($p=1$ bar, $T=273$ K)?
   b) Schätzen Sie die Teilchendichte $n$ des Elektronengases im Metall ab und vergleichen Sie!

9/7 Begründen Sie anhand von Abb. 9/13 die Behauptung: Mäßige Temperatur hat auf den Druck des Elektronengases fast keinen Einfluß. Er ist von der Temperatur fast unabhängig.

9/8 Stellen Sie ein Ionengitter in ähnlicher Form schematisch dar, wie in Abb. 9/11 ein Metallgitter dargestellt ist. Wie verändert sich der Kristall, wenn zwei Gitterebenen gegeneinander (z. B. um den Abstand zweier Gitterbausteine) verschoben werden? Warum ist die Verschiebung beim Metall sehr leicht möglich, warum wird der Ionenkristall dabei zerspringen?

## 9.7 Gasentartung

Jedes Gas kann mit guter Näherung als eine Menge von Teilchen betrachtet werden, die in einem bestimmten Volumen $V$ eingeschlossen sind und miteinander kaum in Wechselwirkung treten. Jedes Gas enthält bei einer Temperatur $T$ neben der durch die Temperatur bedingten inneren Bewegungsenergie auch eine gewisse Nullpunktsenergie. Der Gasdruck $p$ setzt sich nach Gl. (9/3) daher stets aus einem durch die Wärmebewegung bedingten Anteil $p_T$ und einem durch die mittlere Fermienergie (Nullpunktsenergie) bedingten Anteil $p_F$ zusammen:

$$p = p_T + p_F = \tfrac{2}{3} n \bar{E}_T + \tfrac{2}{3} n \bar{E}_F \qquad (9/4)$$

Nur aufgrund einer quantitativen Behandlung der Fermienergie können wir beurteilen, welcher dieser Druckanteile jeweils überwiegende Bedeutung hat. Nach der einführenden qualitativen Behandlung des Elektronengases im vorigen Paragraphen wollen wir die Verhältnisse nun etwas genauer betrachten: In einem Würfel mit dem Volumen $V = X^3$ seien also wieder $N$ Teilchen der Masse $m$ eingeschlossen. Die Energieeigenwerte schreiben wir in der Form:

$$E_{a,b,c} = \frac{h^2}{8mX^2}(a^2 + b^2 + c^2) = \frac{h^2}{8mX^2} r^2 = E(r) \qquad (9/5)$$

Jedes Tripel $(a, b, c)$ von Quantenzahlen charakterisiert einen bestimmten Zustand. In Abb. 9/14 ist jedem solchen stationären Zustand ein Radiusvektor $\vec{r}(a, b, c)$ und damit ein Punkt in dem aus den Achsen $a, b, c$ gebildeten Koordinatensystem zugeordnet. Da $a, b, c$ natürliche Zahlen sind, bilden diese Punkte ein kubisches Raumgitter, jedem Gitterpunkt ist ein Einheitswürfel zugeordnet. Die Radiusvektoren gleicher Länge

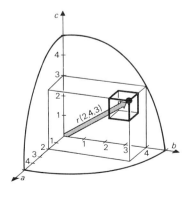

Abb. 9/14: Jedem stationären Zustand des Teilchens im Würfel ist ein Radiusvektor mit ganzzahligen Koordinaten $(a, b, c)$ und ein Einheitswürfel zugeordnet. $r^2$ zeigt die Energie im jeweiligen Zustand an. Das Volumen der Achtelkugel gibt die Anzahl der Zustände bis zur Energie $E(r)$ an.

geben jene Zustände an, denen das gleiche Energieniveau zugeordnet ist. Beim absoluten Nullpunkt werden mit den vorhandenen $N$-Teilchen alle Zustände bis zur Fermigrenze $E_F$ mit je zwei Teilchen besetzt, wenn das Ausschließungsprinzip gilt. Der Fermigrenze $E_F$ entspricht in Gl. (9/5) und in Abb. 9/14 ein Radius $r_F$. Die Anzahl der Einheitswürfel innerhalb der Achtelkugel vom Radius $r_F$ (und damit das Volumen dieser Achtelkugel) ist die Anzahl $\frac{N}{2}$ der besetzten Zustände:

$$\frac{N}{2} = \frac{1}{8} \frac{4\pi r_F^3}{3} = \frac{\pi}{6} r_F^3 = \frac{\pi}{6} \left( \frac{8mX^2 E_F}{h^2} \right)^{\frac{3}{2}}$$

Wir haben aus Gl. (9/5) für $r_F$ eingesetzt, um die Fermigrenze $E_F$ zu finden. Sie ergibt sich durch einfache Umformung:

$$E_F = \frac{h^2}{8m} \left( \frac{3}{\pi} \right)^{\frac{2}{3}} \left( \frac{N}{X^3} \right)^{\frac{2}{3}} = \frac{h^2}{8m} \left( \frac{3}{\pi} \right)^{\frac{2}{3}} n^{\frac{2}{3}} \tag{9/6}$$

Um den durch die Fermienergie bedingten Gasdruck zu finden, brauchen wir die mittlere Fermienergie. Ihre Berechnung ist etwas schwierig. Man erkennt aber aus Abb. 9/14: Zustände mit Energien nahe der Fermigrenze kommen häufiger vor als Zustände mit sehr kleiner Energie. Die mittlere Fermienergie wird daher etwas **über** der halben Fermigrenze liegen. Die Rechnung ergibt:

$$\bar{E}_F = \frac{3}{5} E_F = \frac{3h^2}{40m} \left( \frac{3}{\pi} \right)^{\frac{2}{3}} n^{\frac{2}{3}} \tag{9/7}$$

Für den durch die Fermienergie bedingten Gasdruck gilt daher:

$$p_F = \frac{2}{3} n \bar{E}_F = \frac{h^2}{20m} \left( \frac{3}{\pi} \right)^{\frac{2}{3}} n^{\frac{5}{3}} \quad \textbf{Zustandsgleichung des stark entarteten Gases} \tag{9/8}$$

Diese Bezeichnung werden wir später begründen. Durch Einsetzen der Konstanten ergibt sich annähernd:

$$p_F = 2{,}1 \cdot 10^{-68} \frac{n^{\frac{5}{3}}}{m} \tag{9/9}$$

Der durch die Fermienergie bedingte Gasdruck unterscheidet sich damit in folgenden zwei Punkten grundlegend von dem durch die Wärmebewegung bedingten Gasdruck:

1. Die durch die Wärmebewegung bedingte mittlere Translationsenergie der Gasteilchen ist von der Masse der Teilchen **unabhängig**; sie hängt nur von der Temperatur ab. Der Gasdruck $p_T$ ist daher zur Temperatur und zur Teilchendichte $n$ proportional. Die Fermienergie und der durch sie bedingte Gasdruck sind dagegen zur Teilchenmasse verkehrt proportional und daher für Elektronen am größten.

2. Während $p_T$ zur Teilchendichte $n$ nur proportional ist, steigt $p_F$ fast mit dem Quadrat der Teilchendichte. Bei der Kompression eines Gases steigt daher bei konstanter Temperatur $p_F$ viel stärker an als $p_T$. Es ist daher zu erwarten, daß in Gasen sehr hoher Teilchendichte der durch die Fermienergie bedingte Druck den durch die Temperatur bedingten Druck übertrifft.

Wir können abschätzen, wie sich $p_F$ und $p_T$ bei Zimmertemperatur in Metallen zueinander verhalten: In den Metallen Li und Na (aber auch in Cu) bildet jedes Metallatom ein Leitungselektron. Die Teilchendichte $n$ des Elektronengases ist daher gleich der Anzahl der Metallatome/m³. Für Kupfer gilt z. B.:

$$\text{Atommasse } A = 63{,}5 \text{ u} \qquad \text{Dichte } \varrho = 8{,}93 \cdot 10^3 \frac{\text{kg}}{\text{m}^3}$$

1 kmol Cu = 63,5 kg enthält $L = 6 \cdot 10^{26}$ Atome im Volumen $V = \dfrac{A}{\varrho}$

$$n = \frac{L}{V} = \frac{L}{A}\varrho = \frac{6 \cdot 10^{26} \cdot 8{,}9 \cdot 10^3}{63{,}5} \text{ m}^{-3} = 8{,}4 \cdot 10^{28} \text{ m}^{-3}$$

Für $T = 300$ K ist

$$p_T = nkT = 8{,}4 \cdot 10^{28} \cdot 1{,}38 \cdot 10^{-23} \cdot 300 \, \frac{\text{N}}{\text{m}^2} = 3{,}5 \cdot 10^8 \, \frac{\text{N}}{\text{m}^2} = 3{,}5 \cdot 10^3 \text{ bar}$$

$$p_F = 2{,}1 \cdot 10^{-68} \frac{n^{\frac{5}{3}}}{m_e} = \frac{2{,}1 \cdot 10^{-68} \cdot 84^{\frac{5}{3}} \cdot 10^{45}}{9{,}1 \cdot 10^{-31}} \, \frac{\text{N}}{\text{m}^2} = 3{,}8 \cdot 10^{10} \, \frac{\text{N}}{\text{m}^2} = 380\,000 \text{ bar}$$

Obwohl wir angenommen haben, daß alle Elektronen an der Wärmebewegung voll teilnehmen, ist der dadurch bedingte Druck des Elektronengases nur etwa 1 % des durch die Nullpunktsenergie bedingten Gasdruckes. Tatsächlich nimmt aber nur ein sehr geringer Teil der Elektronen an der Wärmebewegung teil. $p_T$ ist daher wohl noch um eine Zehnerpotenz kleiner und somit gegen $p_F$ vernachlässigbar klein.

Ein Gas, in dem der durch die Fermienergie bedingte Gasdruck den durch die Wärmebewegung bedingten Druck übersteigt, nennen wir ein stark **entartetes Gas**. Das Elektronengas der Metalle ist ein stark entartetes Gas.

Starke Entartung eines Gases bedeutet, daß die Temperatur für das Verhalten des Gases fast ohne Bedeutung ist. Der Gasdruck ist fast nur durch die allein mit Hilfe der Quantenmechanik verständliche Nullpunktsenergie (Fermienergie) bedingt. Man kann sich leicht durch Berechnung von $p_T$ und $p_F$ davon überzeugen, daß für die aus Atomen oder Molekülen bestehenden Gase fast immer genau umgekehrte Verhältnisse bestehen: Wegen der großen Teilchenmasse und der geringen Teilchendichte ist ihre Fermienergie sehr klein. Der durch die Fermienergie bedingte Gasdruck ist daher fast immer vernachlässigbar klein gegen den durch die Wärmebewegung bedingten Druck. Das Verhalten dieser Gase ist daher maßgeblich durch die Temperatur bestimmt.

Das Elektronengas der Metalle ist zwar ein ideales Gas, weil seine Teilchen relativ frei beweglich sind. Sein Verhalten (sein Zustand) kann aber nicht mehr mit der Zustandsgleichung (9/2) des idealen Gases beschrieben werden, weil sie nur die Temperatur berücksichtigt, aber die Nullpunktsenergie völlig vernachlässigt. Das Verhalten des stark entarteten Gases wird vielmehr durch Gl. (9/8) beschrieben, die daher die Zustandsgleichung des extrem entarteten Gases ist.

Die berechneten Werte für den Druck des Elektronengases geben uns eine eindrucksvolle Vorstellung von den ungeheuren elektrischen Kräften, die zwischen den Teilchen der Materie wirken: Die Elektronen können sich zwar im Inneren des Metalls frei bewegen, sie werden aber durch den an der Metalloberfläche bestehenden Energiewall (Abb. 9/11), also durch elektrische Anziehung der positiven Kernladung wie durch ein Gefäß, das einem Druck von der Größenordnung $10^5$ bar standhält, am Verlassen des Metalls gehindert. Es wird damit verständlich, daß Drucke von einigen Tausend bar das Volumen eines Metalls nicht nennenswert beeinflussen können. Erst Drucke von der Größenordnung $10^6$ bar, wie sie etwa im Erdkern herrschen, können die Dichte fester Stoffe wesentlich vergrößern.

**Aufgaben**

9/9 Vergleichen Sie $\bar{E}_F$ mit $\bar{E}_T$ für Wasserstoffgas bei Normalbedingungen ($T = 273$ K, $p = 1$ bar)! Wie groß ist $p_F$?

9/10 a) Schätzen Sie die Fermigrenze $E_F$ für das Elektronengas in einem Metall ab! (Ergebnis in eV)

b) In welchem Bereich liegen daher die de Broglie-Wellenlängen der Leitungselektronen? Vergleichen Sie sie mit den Atomradien!

## 9.8 Sternentartung (weiße Zwerge)

Der Aufbau des Wasserstoffatoms, die Quantisierung der Energie in gebundenen Systemen und damit die Entstehung der Linienspektren, die kovalente chemische Bindung und die metallische Bindung waren Beispiele für Sachverhalte, die mit Hilfe der klassischen Physik nicht verstanden werden können. Erst die Quantenmechanik konnte alle diese Grundprobleme des Aufbaues der Materie verständlich machen. Die Quantenmechanik ist aber nicht nur ein unentbehrliches Hilfsmittel der Atomphysik. Am Beispiel der Kristalle haben wir gesehen, daß auch die makroskopischen Eigenschaften dieser Körper, also ihre mechanischen, elektrischen und optischen Eigenschaften, nur verständlich werden, wenn man das Verhalten ihrer Bausteine versteht. Der gesamte Aufbau der Materie ist eben nur mit Hilfe der Quantenmechanik verständlich. Daß dies auch für die Entwicklung der Sterne gilt, soll nun in groben Zügen gezeigt werden.

Normalsterne, wie etwa unsere Sonne, bestehen vorwiegend aus Wasserstoffgas (etwa 90% der Atome). Wir nehmen an, daß der Stern nur aus Wasserstoff besteht. Infolge der hohen Temperatur sind alle Atome völlig ionisiert. Der Stern ist daher ein aus Protonen und Elektronen bestehendes Gas. Obwohl die mittlere Dichte der Sonne bereits $1400 \frac{\text{kg}}{\text{m}^3}$ und die Dichte im Kern der Sonne noch wesentlich größer ist, verhält sich dieses Gas weitgehend ideal: Ein Gas verhält sich ideal, wenn die Temperatur sehr hoch ist und wenn zudem das Eigenvolumen der Gasteilchen sehr klein ist gegen das dem Gas zur Verfügung stehende Gesamtvolumen. Würde man die in der Sonne enthaltenen Protonen auf ihr Eigenvolumen komprimieren, so müßte sich die Dichte von Atomkernen ergeben, die von der Größenordnung $10^{17} \frac{\text{kg}}{\text{m}^3}$ ist. Die mittlere Dichte der Sonne ist aber um 14 Zehnerpotenzen kleiner! Das Eigenvolumen der Protonen und Elektronen ist also extrem klein gegen das Sonnenvolumen.

Unsere Sonne hat sich seit einigen Milliarden Jahren kaum verändert. Normalsterne sind also relativ stabile, also nur extrem langsam veränderliche Gebilde, es muß (fast) ein Gleichgewichtszustand bestehen: Die Gravitationskraft hält das Sterngas zusammen; sie ist bestrebt, den Sternradius ständig zu verkleinern. Sie erzeugt einen gegen das Sternzentrum zunehmenden Gravitationsdruck (Gewichtsdruck). Da Gleichgewicht besteht, muß der Druck des Sterngases überall gleich diesem Gewichtsdruck sein, er muß also gegen das Sternzentrum hin ebenso wie der

Gewichtsdruck anwachsen. Solange der Druck des Sterngases nur durch die Wärmebewegung bedingt ist (solange also das Sterngas nicht entartet ist), gilt für den Druck $p = nkT$. Genügend hoher Druck muß durch hohe Teilchendichte und hohe Temperatur erreicht werden. Die zum Aufheizen des Sternes nötige Wärmeenergie stammt aus der Gravitationsenergie: Wenn ein Körper zur Erde fällt, wird seine potentielle Energie vermindert, sie wird beim Aufprall völlig in Wärme verwandelt. Ebenso wird bei der Kontraktion einer vorher auf großen Raum verteilten Gasmasse zu einem Stern Gravitationsenergie in Wärmeenergie verwandelt. Ein Teil dieser Energie wird während der Kontraktion abgestrahlt, ein Teil (man kann zeigen, daß es die Hälfte ist) dient zum Aufheizen des Sternes.

Je näher die Sternmasse dem Zentrum kommt, desto größer wird die Gravitationskraft, desto größer wird daher der Gravitationsdruck im Stern. Es muß daher auch der Gasdruck (also Temperatur und Dichte) im Stern steigen. Müßte ein Stern seine gesamte Strahlungsenergie aus der durch Kontraktion frei gewordenen Gravitationsenergie decken, so müßte er ständig kontrahieren. Man kann zeigen, daß die Sonne auf diese Weise nur seit etwa 30 Millionen Jahren strahlen könnte. Tatsächlich ist ihr Alter etwa 200mal so groß. Hat ein Stern genügend große Masse, so steigt die Temperatur im Kern auf so hohe Werte, daß Wasserstoff zu Helium verschmolzen werden kann (**Kernfusion**). Diese bei einer Temperatur von etwa 20 Millionen K im Sonnenkern ablaufende Kernverschmelzung ist eine äußerst ergiebige Energiequelle. Solange dieser Prozeß andauert, wird dem Stern die abgestrahlte Energie ständig ersetzt, er wird damit in einem bestimmten Kontraktionsstadium stabilisiert. Seine Lebensdauer wird damit außerordentlich verlängert.

Aber auch diese Energiequelle wird einmal erschöpft. Die weitere Entwicklung des Sternes ist etwas kompliziert, ihr Endergebnis ist aber recht einfach einzusehen: Wenn alle nutzbaren atomaren Energiequellen erschöpft sind, wenn also keine weiteren Kernverschmelzungen mehr möglich sind, muß der Stern unweigerlich weiter kontrahieren, um die abgestrahlte Energie aus Gravitationsenergie zu decken. Die Dichte des Sterngases wird daher ständig wachsen. Durch das Anwachsen der Teilchendichte $n$ steigt aber der durch die Nullpunktsenergie bedingte Gasdruck (er ist zu $n^{\frac{5}{3}}$ proportional) wesentlich stärker an als der durch die Wärmebewegung bedingte Druckanteil (er ist zu $n$ proportional). Es wird daher einmal eine Sterndichte erreicht, bei der die Fermienergie den maßgeblichen Anteil des Gasdrucks ergibt, bei der also starke Entartung des Sterngases eintritt.

Die durch die Temperatur bedingte mittlere Translationsenergie ist für alle Gasteilchen gleich, sie ist von der Teilchenmasse unabhängig. Da unser Stern aus etwa gleich vielen Protonen und Elektronen besteht, liefern daher die Protonen den gleichen Beitrag zu dem durch Wärmebewegung bedingten Gasdruck wie die Elektronen. Die Fermienergie ist aber zur Teilchenmasse verkehrt proportional. Da die Elektronen nur etwa $\frac{1}{2000}$ der Masse der Protonen haben, ist ihre mittlere Fermienergie etwa 2000mal so groß. Das Elektronengas entartet daher viel früher als das Protonengas. Damit ergibt sich die Frage:

**Bei welcher Sterndichte tritt starke Entartung des Elektronengases ein?**

Das ist der Fall, wenn gilt:

$$p_F > p_T \iff 2{,}1 \cdot 10^{-68} \frac{n^{\frac{5}{3}}}{m_e} > nkT \Rightarrow$$

$$\Rightarrow n^{\frac{2}{3}} > \frac{m_e k}{2{,}1 \cdot 10^{-68}} T \Rightarrow n > \left( \frac{9 \cdot 10^{-31} \cdot 1{,}4 \cdot 10^{-23}}{2{,}1 \cdot 10^{-68}} T \right)^{\frac{3}{2}}$$

Für $T = 10^7$ K folgt: $n > 4{,}5 \cdot 10^{32}$ m$^{-3}$.

Da die Masse der Elektronen gegen die Masse der Protonen vernachlässigbar klein ist, ergibt sich damit für die Dichte des Sternes:

$$\varrho = n m_p > 4{,}5 \cdot 10^{32} \cdot 1{,}7 \cdot 10^{-27} \frac{\text{kg}}{\text{m}^3} = 6 \cdot 10^5 \frac{\text{kg}}{\text{m}^3}$$

Bei Sterndichten über etwa $10^6 \frac{\text{kg}}{\text{m}^3}$ müssen wir also mit sehr starker Entartung des Elektronengases rechnen.

**Welche Folgen hat starke Entartung des Elektronengases im Stern?**

Nach dem Erlöschen der Kernverschmelzungen wird vor der starken Entartung des Elektronengases alle durch weitere Kontraktion frei werdende Gravitationsenergie zum Aufheizen des Sternes und zur Deckung seiner Energiestrahlung genützt. Es entsteht also ein sehr kleiner Stern hoher Temperatur. Mit zunehmender Entartung des Elektronengases muß aber immer mehr Energie zur Deckung der ständig wachsenden Fermienergie (Nullpunktsenergie) verwendet werden. Das entartete Elektronengas liefert einen ständig wachsenden Beitrag zum Druck des Sterngases. Während die in Wärme verwandelte Gravitationsenergie vom Stern durch seine Temperaturstrahlung abgegeben werden kann, bleibt ihm die Fermienergie unverlierbar erhalten. Sie hat ja mit der Temperatur des Sternes nichts zu tun, sondern ist einzig durch die hohe Teilchendichte bedingt. Bei sehr starker Entartung des Elektronengases verliert die Temperatur fast völlig ihre Bedeutung. Der Druck des Sterngases ist fast gleich dem Druck des entarteten Elektronengases. Der anfangs noch sehr heiße kleine Stern kühlt nun immer mehr ab. Das hat aber auf den Aufbau des Sternes keinen Einfluß mehr, weil sein Verhalten völlig vom entarteten Elektronengas bestimmt wird. Die im Stern vorhandenen Protonen tragen zum Druck des Sterngases fast nichts bei, weil ihre Nullpunktsenergie ja nur etwa $\frac{1}{2000}$ der Nullpunktsenergie der Protonen ist. Die genauere mathematische Behandlung zeigt, daß ein Stern von der Masse unserer Sonne etwa auf die Größe der Erde kontrahiert und dabei eine Dichte von der Größenordnung $10^9 \frac{kg}{m^3}$ erreicht. Erst bei dieser hohen Dichte reicht der Druck des Elektronengases aus, um die von der Gravitation angestrebte weitere Kontraktion zu stoppen. Solche Sterne heißen **weiße Zwerge**.

Der weiße Zwerg ist ein **stabiles Endstadium** eines Sternes, das keine weitere Entwicklung mehr erfährt. Die Theorie führt zu dem Ergebnis, daß die Masse weißer Zwerge nicht über 1,4 Sonnenmassen liegen kann. Sterne sehr großer Masse werden nicht zu weißen Zwergen.

Das bekannteste Beispiel eines weißen Zwerges ist Sirius B: Schon 1844 fand F. WILHELM HERSCHEL, daß Sirius A die periodischen Bewegungen eines Doppelsternes ausführt. Erst 1862 konnte A. CLARK den Begleiter als einen sehr lichtschwachen Stern hoher Temperatur (weißes Licht) beobachten. Man fand dann für dieses Sternchen einen Radius von nur etwa 10000 km, aber trotzdem eine Masse von 0,96 Sonnenmassen. Erst mit Hilfe der Quantenmechanik konnte man verstehen, wie solche absonderliche Sterne aufgebaut sind, von denen 1 cm³ Sternmaterie immerhin etwa 1000 kg wiegt.

# 10 Der Tunneleffekt

Wir haben bereits bei der Bildung des $H_2^+$-Ions gesehen, daß nach der Quantenmechanik „Energieberge" für Teilchen auch dann kein unüberwindliches Hindernis sind, wenn ihre Energie zum Übersteigen dieser Berge nicht ausreicht. Wegen seiner außerordentlichen Wichtigkeit wollen wir diesen Effekt jetzt etwas genauer behandeln.
In Abb. 10/1a läuft ein Wellenpaket gegen einen Streifen tieferen Wassers. Abb. 10/1b zeigt das Wasserprofil. Die Welle wird an diesem Streifen teilweise reflektiert, teilweise durchsetzt sie ihn. Die Wellenlänge ist im Gebiet tieferen Wassers größer als im Gebiet kleiner Wassertiefe. Nach der Quantenmechanik bedeutet das:
Die Wellenlänge
$$\lambda = \frac{h}{\sqrt{2mE_k}} = \frac{h}{\sqrt{2m(E-E_p)}}$$

von Teilchen ist für $x < x_0$ konstant. Daher ist auch ihre Bewegungsenergie $E_k$ konstant, die Teilchen bewegen sich dort kräftefrei. Bei $x = x_0$ steigt die Wellenlänge plötzlich an; die Bewegungsenergie der Teilchen sinkt

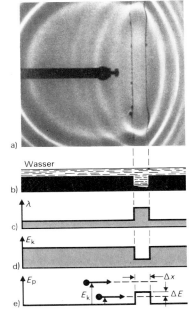

Abb. 10/1:
a) Eine Welle wird an einem Streifen tieferen Wassers teilweise reflektiert, teilweise durchsetzt sie dieses Gebiet.
b) Wasserprofil,
c) Wellenlänge,
d) Bewegungsenergie von Teilchen mit der in c) dargestellten Wellenlänge,
e) Potentielle Energie dieser Teilchen.

daher dort plötzlich ab, die Teilchen werden dort durch einen kurzen Kraftstoß abgebremst. Bei $x = x_0 + \Delta x$ werden sie aber durch einen gegengleichen Kraftstoß wieder auf ihre frühere Bewegungsenergie beschleunigt. Den Verlauf der potentiellen Energie (Abb. 10/1e) können wir als Geländeform auffassen, in der sich das Teilchen bewegt: Das Teilchen läuft eine steile Bergflanke hinauf (dabei verliert es Bewegungsenergie, seine potentielle Energie steigt), es rollt dann aber über eine gleich hohe Bergflanke herab.

Nach der klassischen Mechanik ist das Versuchsergebnis eindeutig bestimmt: Ist die Bewegungsenergie des Teilchens größer als der „Energiewall", so wird es das Gebiet erhöhter potentieller Energie stets durchsetzen (also stets über den Berg rollen); ist seine Energie aber kleiner, so wird es niemals über den Berg kommen.

Die Welle in Abb. 10/1a wird am Gebiet veränderter Wellenlänge immer teilweise reflektiert und teilweise durchgelassen. Nach der Quantenmechanik ist daher das Versuchsergebnis stets unbestimmt. Es besteht eine gewisse Wahrscheinlichkeit dafür, daß das Teilchen, dessen Energie höher ist als der Energieberg, reflektiert wird. Es besteht ebenso eine gewisse Wahrscheinlichkeit dafür, daß ein Teilchen, dessen Bewegungsenergie kleiner ist als die Höhe des Energiewalls, die andere Seite dieses Walles erreicht. Das Teilchen kann also ein nach der klassischen Mechanik verbotenes Gebiet durchsetzen. Diesen Effekt nennt man **Tunneleffekt.**

Mit Hilfe der Heisenbergschen Unschärferelation können wir abschätzen, wann ein Teilchen mehr oder weniger Aussicht hat, das verbotene Gebiet zu durchsetzen: Das Produkt (Energie·Zeit) ist eine Wirkung. Energie und Zeit können daher gleichzeitig nur mit Unschärfen festgelegt werden, deren Produkt mindestens die Größe

$$\Delta E \cdot \Delta t \approx \hbar \tag{10/1}$$

hat. Das Teilchen hat während der Zeit $\Delta t$, die es zum Durchsetzen des Energiewalles braucht, keinen scharf definierten Wert der Energie. Wir können nur sagen, daß seine Energie meist im Intervall $E \pm \Delta E = E \pm \dfrac{\hbar}{\Delta t}$ liegt, gelegentlich aber auch noch etwas größer oder kleiner ist. Infolge dieser Energieunschärfe ist es durchaus zulässig, daß sich das Teilchen für kurze Zeit im verbotenen Gebiet aufhält. Je schmäler der Energiewall ist, in desto kürzerer Zeit wird ihn das Teilchen durchsetzen können, desto größer darf die Energieunschärfe sein, desto größer kann die Energie während dieser kurzen Zeit werden, desto größer wird die Wahrscheinlichkeit, daß das Teilchen den Energiewall durchsetzt. Die Breite $\Delta x$ des Walles ist also ebenso maßgebend wie das Energiedefizit $\Delta E = E_p - E_k$ (Abb. 10/1e).

Da sich das Teilchen nur mit einer Geschwindigkeit bewegen kann, die unter der Vakuumlichtgeschwindigkeit liegt, kann es „meist" nur eine Strecke

$$\Delta x = v\Delta t < c\Delta t \approx \frac{ch}{\Delta E}$$

ins verbotene Gebiet eindringen. Der Tunneleffekt wird daher nur dann mit einiger Wahrscheinlichkeit eintreten, wenn das Energiedefizit $\Delta E$ und die Wallbreite $\Delta x$ der Bedingung genügen:

$$\Delta E \Delta x < ch \qquad (10/2)$$

Abb. 10/2 zeigt die Demonstration des Tunneleffekts mit Wasserwellen. Aus der Optik ist bekannt, daß der Übergang von Licht aus dem optisch dichteren Medium (kleinere Lichtgeschwindigkeit) ins optisch dünnere Medium (größere Lichtgeschwindigkeit) nicht mehr möglich ist, wenn der Grenzwinkel der Totalreflexion überschritten wird. Dann tritt Totalreflexion auf. Das optisch dünnere Medium ist dann für die Lichtwellen ein verbotenes Gebiet. In Abb. 10/2a wird eine ebene Wasserwelle an einem sehr breiten Gebiet größerer Wassertiefe (größere Wellenlänge durch größere Wellengeschwindigkeit) vollständig reflektiert. Sie

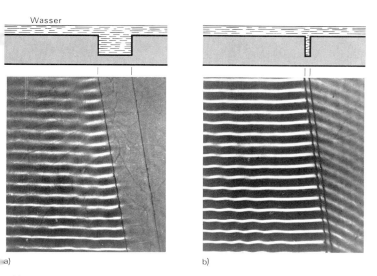

Abb. 10/2:
a) Totalreflexion einer Wasserwelle an einem sehr breiten Gebiet größerer Wellenlänge,
b) Ein sehr schmales verbotenes Gebiet wird von der Welle teilweise durchsetzt.

*10 Der Tunneleffekt*

dringt in dieses Gebiet nicht ein. Nach dem Brechungsgesetz von Snellius ist Brechung (also ein Eindringen in das Gebiet größerer Wellenlänge) ausgeschlossen. Wird dieses verbotene Gebiet aber sehr schmal gemacht, so wird es von der Welle teilweise durchsetzt (Abb. 10/2b).

## Steckkontakte

Wir nehmen es als ziemlich selbstverständlich hin, daß wir in Steckverbindungen Metalle so zur Berührung bringen können, daß sie der elektrische Strom ziemlich ungehindert durchsetzt. Ohne den Tunneleffekt würde das kaum so gut funktionieren:
Die Metalloberflächen sind einander nicht sehr gut angepaßt. Geringste Verunreinigungen, Oxidschichten oder einige Staubkörner schaffen zwischen den Metalloberflächen fast immer einen kleinen Zwischenraum, der sehr bald einige Atomdurchmesser erreichen kann. Abb. 10/3 zeigt diese Situation: Die potentielle elektrische Energie eines Elektrons hat zwischen den beiden Metalloberflächen einen Berg, der höher ist als das höchste Energieniveau von Elektronen im Leitungsband. Er ist fast so hoch wie der Energiewall an einer einzelnen Metalloberfläche (Abb. 9/11). Dieser Energiewall an einer einzelnen Metalloberfläche ist aber extrem breit, er kann daher von den Elektronen nicht durchsetzt werden, sie können nur eine ganz kleine Strecke in ihn eindringen und müssen immer wieder ins Metall zurückkehren. Der schmale Energiewall zwischen den Grenzflächen der beiden Metalle kann aber von den Leitungselektronen mit relativ großer Wahrscheinlichkeit durchtunnelt werden.

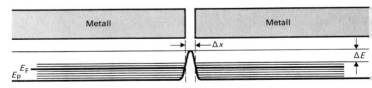

Abb. 10/3: Zum Tunneleffekt an der Kontaktstelle zweier gleicher Metalle.

## Radioaktiver Zerfall

Unser Bild vom Aufbau der Atomkerne beruht auf folgenden wesentlichen Tatsachen:
1. Die Atomkerne haben Radien von der Größenordnung $10^{-14}$ bis $10^{-15}$ m. Das wurde bereits von RUTHERFORD durch Beschießungsversuche mit α-Teilchen erkannt.

2. Ist Z die Ordnungszahl eines Elements, so enthält die Atomhülle Z Elektronen und der Atomkern ebensoviele Protonen mit je einer positiven Elementarladung. Zudem enthält der Kern (etwa ebensoviele) Neutronen. Die Gesamtanzahl dieser Kernteilchen ist die Massenzahl.
3. Das Kernvolumen ist zur Massenzahl proportional. Die Dichte aller Kerne ist daher (fast) gleich groß $\left(\varrho \approx 6 \cdot 10^{17}\, \frac{\text{kg}}{\text{m}^3}\right)$. Das wird mit der Annahme verständlich, daß die Kernteilchen dicht gepackt sind und sich wie Kugeln mit einem bestimmten Radius verhalten (Abb. 10/4).

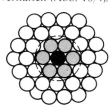

Abb. 10/4: Tröpfchenmodell des Atomkerns; jedes Kernteilchen ist nur an seine nächsten Nachbarn gebunden. Die Teilchen an der Kernoberfläche sind daher (wie die Moleküle an der Flüssigkeitsoberfläche) schwächer gebunden.

4. Die Kernteilchen sind extrem fest aneinander gebunden. Das folgt schon aus der Tatsache, daß alle Versuche einer Veränderung (Spaltung, Umwandlung,...) der Atomkerne so lange erfolglos blieben. Genaue Auskunft darüber geben die Massendefekte der Atomkerne (Abb. 10/5): Beim Zusammenfügen von ungebundenen Kernteilchen zu einem Atomkern, wird die Bindungsenergie frei. Nach der Einsteinschen Formel $E = mc^2$ bedeutet diese Verminderung des Energieinhalts des Systems eine Verminderung seiner Gesamtmasse. Es fällt auf, daß der Massendefekt pro Kernteilchen für alle Kerne annähernd gleich groß ist (etwa 8,5‰ der Gesamtmasse). Daraus ergibt sich, daß sich die Kernteilchen im Durchschnitt auf einem Energieniveau von $-8\,\text{MeV}$ befinden. Das ist damit erklärbar, daß die Kernteilchen durch Kräfte sehr geringer Reichweite (etwa ein Teilchendurchmesser) aneinander gebunden sind (Abb. 10/4). Dann ist jedes Teilchen nur an seine nächsten Nachbarn gebunden, seine Bindungsenergie ist von der Teilchenanzahl (sofern sie nicht sehr klein ist) unabhängig.

Diese **Kernkraft** (die **starke Wechselwirkung**) muß zwischen allen Kernteilchen wirken: Elektrische Abstoßung wirkt zwar nur zwischen den Protonen (sie müssen daher durch eine andere wesentlich stärkere Kraft zusammengehalten werden), alle Kernteilchen (auch die Neutronen) haben aber wegen des außerordentlich kleinen Kernvolumens eine sehr hohe Nullpunktsenergie, die wir mit Gl. (6/10) abschätzen können $(X = 2r = 10^{-14}\,\text{m},\ m = m_\text{p} = m_\text{n} = 1{,}7 \cdot 10^{-27}\,\text{kg})$:

$$E_\text{k} = E_{1,1,1} = \frac{3h^2}{8 m_\text{p}(2r)^2} \approx 6\,\text{MeV}$$

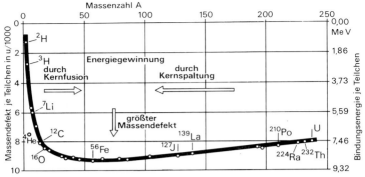

Abb. 10/5: Massendefekt je Kernteilchen (linke Skala) in u/1000. $1u = 1/12$ der Masse des Kohlenstoffatoms $^{12}$C. Die rechte Skala gibt die Bindungsenergie je Kernteilchen an ($E = \Delta m c^2$).

Abb. 10/6 zeigt nun den Verlauf der potentiellen Energie eines Protons: Wenn wir das Proton aus großer Entfernung ($E_p = 0$, freies Proton) an den Kern heranbringen, ist vorerst nur die elektrische Abstoßung durch den ebenfalls positiven Kern wirksam. Um das Proton an einen Kern der Ordnungszahl Z bis auf einen Kernradius $r_0$ heranzubringen, müssen wir daher eine Arbeit

$$E_p = \frac{(Ze)e}{4\pi\varepsilon_0 r_0}$$

verrichten. Für $Z = 30$ und $r_0 = 5 \cdot 10^{-15}$ m ergibt sich $E_p = 8$ MeV.
Erst unmittelbar am Kern wird die Kernkraft wirksam und zieht jetzt das Proton mit ungeheurer Gewalt in den Kern, die potentielle Energie fällt also ganz steil ab. Weil sich das Proton im Kern trotz einer Bewegungsenergie von etwa 6 MeV noch auf einem durchschnittlichen Energieniveau von $-8$ MeV befindet, muß die potentielle Energie auf etwa $-14$ MeV fallen.
Auch der Atomkern ist ein gebundenes System von Teilchen, für die das Ausschließungsprinzip gilt; für seinen Aufbau gelten daher ganz ähnliche Gesetzmäßigkeiten wie für den Aufbau der Elektronenhüllen der Atome: Es können nicht alle Kernteilchen mit gleichem Energieniveau eingebaut werden. Die Kernteilchen müssen sich ebenfalls in verschiedenen stationären Zuständen (verschiedenen Energieniveaus) befinden. In Abb. 10/6 ist angedeutet, daß sich Kernteilchen auch in relativ hohen Energieniveaus befinden können. Aber auch diese höchsten Energieniveaus müssen noch sehr weit unter dem Maximum der potentiellen Energie liegen; sonst müßte es leicht möglich sein, solche Teilchen

vom Atomkern zu trennen, also Kerne durch Beschuß mit Teilchen oder Lichtquanten (Röntgenstrahlen) in andere Kerne zu verwandeln. Die außerordentliche Stabilität aller Atomkerne zeigt also, daß alle Kernteilchen durch eine hohe Energiebarriere am Verlassen des Kerns gehindert werden.

Trotzdem verlassen beim radioaktiven α-Zerfall Heliumkerne (sogenannte α-Teilchen) den Atomkern von selbst, also ohne äußere Einwirkung! Für die klassische Mechanik war das ebenso unverständlich, wie wenn aus einer tiefen Kiste mit Kugeln eine plötzlich ohne ersichtlichen Grund herausspringt. Man könnte noch vermuten, daß das aus dem Kern gestoßene Teilchen von den anderen Kernteilchen einen kräftigen Stoß bekommen hat und so mit fremder Hilfe über den Energiewall gekommen ist. Aber auch das wird durch die Messungen widerlegt: Würde ein α-Teilchen tatsächlich über den Energiewall gehoben, so müßte es beim „Herunterrollen" an der Außenseite (also durch die Abstoßung seitens der positiven Kernladung) eine Mindestbewegungsenergie von der Höhe dieses Energiewalles erreichen. Für die schweren radioaktiven Kerne ($r = 10$ fm, $Z = 90$) hat dieser Energiewall eine Höhe von der Größenordnung 100 MeV, die Energie der α-Teilchen liegt aber nur bei etwa 3 MeV.

Mit Hilfe der Quantenmechanik wird der radioaktive α-Zerfall als Tunneleffekt verständlich: Bei jedem Stoß eines Kernteilchens gegen den umgebenden Energiewall besteht auch eine gewisse Wahrscheinlichkeit, daß das Teilchen diesen Wall trotz unzureichender Bewegungsenergie durchsetzt. Demnach ist Radioaktivität eigentlich das Normalverhalten der Atomkerne. Ist die Wahrscheinlichkeit, daß ein Teilchen den Kern in

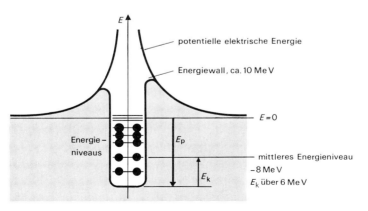

Abb. 10/6: Energie von Kernprotonen (schematisch).

10 *Der Tunneleffekt*

1 s verläßt, unmeßbar klein, so liegt ein stabiler Kern vor; hat sie einen meßbaren Wert, so ist der Kern radioaktiv. Im natürlichen Vorkommen haben sich die meisten radioaktiven Kerne längst in stabile Kerne umgewandelt, nur wenige radioaktive Substanzen mit sehr großer Halbwertszeit sind verblieben. Für die künstlich erzeugten Kerne (Isotope der natürlichen Kerne) ist Radioaktivität tatsächlich das Normalverhalten.

Wir müssen noch begründen, warum beim radioaktiven Zerfall nie Protonen oder Neutronen (also keine einzelnen Kernteilchen) ausgestoßen werden. Die Unschärferelation Gl. (10/1) erlaubt zwar, daß die Energie eines Teilchens für eine kurze Zeit $\Delta t$ um einen Betrag $\Delta E$ größer ist; sie erlaubt also die Verletzung des Energieprinzips nur für kurze Zeit, nicht aber auf Dauer! Das ausgestoßene Teilchen bleibt aber auf Dauer außerhalb des Kerns. Ohne Energiezufuhr (also von selbst) kann dieser Vorgang nur eintreten, wenn dabei letztlich die Gesamtenergie des Systems gleich bleibt oder kleiner wird. Ein Proton kann offenbar nicht ausgestoßen werden, weil dadurch das Gesamtsystem ohne Energiezufuhr auf Dauer in einen Zustand höherer Energie käme. Beim radioaktiven $\alpha$-Zerfall muß offenbar die Gesamtenergie des Systems kleiner werden: Aus Abb. 10/5 erkennt man, daß Teilchen im Kern $^4$He, also im $\alpha$-Teilchen, fast ebensofest gebunden sind, wie in den radioaktiven Kernen sehr hoher Ordnungszahl. Zudem wird aber durch den $\alpha$-Zerfall die Ordnungszahl des entstehenden Kernes um 2 vermindert. Mit sinkender Ordnungszahl steigt aber die mittlere Bindungsenergie je Kernteilchen etwas an (der Massendefekt wird größer). Dadurch wird Energie frei, die zur Deckung der Bewegungsenergie des ausgestoßenen $\alpha$-Teilchens und zur Aussendung von $\gamma$-Strahlung dienen kann.

Der radioaktive Zerfall ist also nicht die Folge eines Alterungsprozesses, dem die Kerne unterliegen. Der Atomkern bleibt unverändert. Die Wahrscheinlichkeit $\lambda$, daß ein radioaktiver Kern innerhalb der nächsten Sekunde zerfällt, ist daher ebenfalls unverändert. Von einem genügend großen Kollektiv von $N$ radioaktiven Kernen werden daher in der Zeit $dt$

$$dN = -\lambda N \, dt$$

Kerne zerfallen. Daraus folgt durch unbestimmte Integration:

$$\frac{dN}{N} = -\lambda dt \Rightarrow \ln N = -\lambda t + \ln N_0 \Rightarrow N = N_0 e^{-\lambda t} \qquad (10/3)$$

Die Erfahrung bestätigt dieses Zerfallsgesetz und damit die unveränderliche Zerfallswahrscheinlichkeit.

# 11 Rückblick

Unsere kurze Darstellung der Quantenmechanik beruhte wesentlich auf folgenden Grundsätzen:

**1. Sowohl alle Materie als auch die elektromagnetische Strahlung sind quantisiert; sie kommen also nur als Vielfache gewisser Teilchen vor.** Wir haben hier nur wenige Teilchen und einige ihrer wichtigsten Eigenschaften (Photonenenergie, Ruhemasse, elektrische Ladung,...) benützt, uns aber nicht genauer mit ihnen beschäftigt.

**2. Alle Teilchen haben auch Welleneigenschaften; es existiert ein universeller Welle-Teilchen-Dualismus.** Wir haben zur Beschreibung des Zusammenhanges zwischen Wellen- und Teilcheneigenschaften die Gleichungen

$$\lambda = \frac{h}{p} \qquad E = hf \qquad dP = \psi^2 \, dV$$

benützt. Die Teilcheneigenschaften (Masse, elektrische Ladung) dienen vor allem zur Beschreibung der Wechselwirkung zwischen den Teilchen. Die Welleneigenschaften zeigen uns, wie sich Teilchen im Raum ausbreiten.

**3. Das Superpositionsprinzip:** Bei der Interferenz von Wahrscheinlichkeitswellen ergibt sich die resultierende Wahrscheinlichkeitsamplitude durch Addition der Wahrscheinlichkeitsamplituden der Teilwellen.

**4. Das Ausschließungsprinzip** gilt für alle von uns betrachteten Bausteine der Materie (Protonen, Elektronen, Neutronen). Der gesamte Aufbau der Materie ist ohne dieses Prinzip unverständlich.

Keiner dieser Sätze ist beweisbar; er wäre ja dann kein Grundsatz mehr. Diese Sätze bilden aber zusammen die Grundlage einer Theorie, mit der eine kaum übersehbare Fülle von Naturerscheinungen zutreffend beschrieben werden kann. Das haben wir an wenigen ausgewählten Beispielen gezeigt.

Es ist eine der fundamentalsten Tatsachen, daß gewisse Stoffe ihre Eigenschaften nicht verändern: Wasser, Silber, Gold haben heute die gleichen Eigenschaften wie vor vielen hundert Jahren. Newton erklärte das damit, daß die kleinsten Teilchen, aus denen alle Materie besteht (die Atome) extrem hart sind und daher keiner Abnützung unterliegen. Als man um die Jahrhundertwende erkannte, daß diese Atome keineswegs die letzten und unteilbaren Bausteine der Materie sind, sondern aus einem sehr kleinen positiven Kern und negativen Elektronen bestehen, konnte die klassische Physik nicht verständlich machen, warum aus einem gegebenen Kern und einer entsprechenden Anzahl von Elektronen immer nur ein ganz bestimmtes Atom mit sehr genau festgelegten Eigenschaften aufgebaut werden kann. Erst die Quantenmechanik konnte das durch die Tatsache erklären, daß es nur ganz bestimmte stationäre Zustände für gebundene Teilchen gibt. Die geometrische Struktur dieser Zustände ist durch die Kugelsymmetrie des Kernfeldes bestimmt, ihre Besetzung mit Elektronen wird durch das Pauliverbot geregelt. Ganz bestimmte Atome ergeben sich dabei aber nur dann, wenn es ganz bestimmte Kerne gibt und das Elektron ganz bestimmte Eigenschaften hat (Ladung, Spin, Gültigkeit des Pauliverbotes).

So wie die Quantenmechanik den Aufbau der Atomhüllen klären konnte, so konnte sie auch den Aufbau der Atomkerne in den letzten Jahrzehnten weitgehend klären. Daß dies nicht mit der gleichen Perfektion gelingt, wie die Beschreibung der Atomhüllen, liegt vorwiegend daran, daß wir die für den Kernbau maßgebende starke Wechselwirkung noch nicht gut verstehen. Die maßgebende Voraussetzung für die Existenz ganz bestimmter Kerne ist aber wieder ihr Aufbau aus ganz bestimmten Teilchen (Protonen, Neutronen). Wie man im 19. Jh. die Atome als die letzten und unteilbaren Bausteine der Materie betrachtete, so wurden nun Protonen, Neutronen und Elektronen als Elementarteilchen bezeichnet und damit als letzte Sprosse in dieser Stufenleiter der Zerlegung der Materie hingestellt.

Was in der Physik als elementares Teilchen erschien, war maßgeblich eine Frage des Energieeinsatzes. Die Quantenmechanik erlaubt uns hier einen sehr einfachen Überblick: Jedes auf kleinen Raum eingeschränkte Teilchen (also jedes gebundene Teilchen) hat eine gewisse Nullpunktsenergie, die wir etwa in der Form anschreiben können:

$$E_1 = \frac{3h^3}{8md^2} \quad \text{(Teilchen im Würfel)}$$

Damit ein gebundenes System von Teilchen nicht schon infolge dieser unvermeidlichen Nullpunktsbewegung zerfällt, muß die Bindungsenergie wohl mindestens die Größenordnung der Nullpunktsenergie haben. Die Bindungsenergie muß daher um so größer sein, je kleiner das System ist und je kleiner die Masse seiner Teilchen ist.

Moleküle sind von der Größenordnung $d = 10^{-10}$ m; ihre Teilchen (die Atome) haben Massen von der Größenordnung $m = 10^{-26}$ kg; die Bindungsenergie der Atome ist daher mindestens von der Größenordnung $E > E_1 = 10^{-3}$ eV. Solche Teilchenenergien treten schon infolge der Wärmebewegung bei mäßigen Temperaturen auf. Daher können Veränderungen der Moleküle (chemische Reaktionen) schon durch die Temperatur entscheidend beeinflußt werden, die Moleküle erscheinen uns aus alltäglicher Erfahrung nicht als elementare Teilchen.

Die Atome sind etwa von der gleichen Größenordnung wie die Moleküle; die in ihnen gebundenen Elektronen haben aber eine um etwa 4 Zehnerpotenzen kleinere Masse als ein Atom. Daher liegt die Bindungsenergie der Atomelektronen in der Größenordnung von etwa 10 eV. Um Atome in ihre Teile zu zerlegen, ist also schon wesentlich mehr Energie nötig, als zur Zerlegung von Molekülen in Atome.

Im Atomkern sind Teilchen mit einer Masse von der Größenordnung $10^{-27}$ kg auf Bereiche von der Größenordnung $d=10^{-14}$ m eingeschränkt. Daher ergeben sich Bindungsenergien von der Größenordnung $10^7$ eV. Solange man nur mit Energien operierte, die unter diesem sehr hohen Wert lagen, mußten sich daher die Atomkerne als unzerstörbare Teilchen erweisen.

Die Festigkeit der Bindung ist ganz einfach durch die Größe eines Objektes maßgeblich bestimmt: Je kleiner ein Objekt ist, desto fester müssen seine Teile aneinander gebunden sein. Wenn Protonen und Neutronen wieder aus anderen Teilchen aufgebaut sein sollten, so muß deren Bindungsenergie wieder eine Stufe höher liegen ($E > 10^9$ eV). Gegenüber kleineren Energien werden sich diese Teilchen daher als „elementar" verhalten. Die Struktur dieser Teilchen kann daher nur mit Teilchen sehr hoher Energie untersucht werden. Das ist die Aufgabe der Teilchenphysik, die deshalb auch als Hochenergiephysik bezeichnet wird. Sie hat in den Jahren von 1950 bis etwa 1970 eine so große Anzahl weiterer Teilchen und Umwandlungsmöglichkeiten von Teilchen nachgewiesen, daß die Bezeichnung „Elementarteilchen" kaum mehr wörtlich genommen werden kann und die Suche nach noch elementareren Teilchen und einer zwischen ihnen vielleicht bestehenden neuen Art von Wechselwirkung zu einem wesentlichen Gegenwartsproblem der Physik wurde.

Mit Hilfe der Quantenmechanik konnte der Aufbau der Atome aus wenigen Teilchen, die grundlegenden chemischen Vorgänge und alle makroskopischen Eigenschaften der Materie verstanden werden. Durch ihre Anwendung in der Chemie und Biologie ist sie wie kein anderes Teilgebiet der Physik zu einer unerläßlichen Grundlage der Naturwissenschaft schlechthin geworden und hat so maßgeblich zur Vereinigung der Naturwissenschaften beigetragen. Ihre Tragweite und Bedeutung sind bis zur Gegenwart ständig gewachsen. Wenn wissenschaftliches Fachstudium und Allgemeinbildung ihr Hauptziel nicht in ausweglosem Sammeln von Einzelerkenntnissen, sondern in der Vermittlung von Grundlagen und in der Vertiefung sehen wollen, muß die Quantenmechanik ihren festen Platz darin haben.

## 12 Anhang: Lösungshilfen zu den Aufgaben

1/1 $|F_1P - F_2P| = n\lambda$, $n = 0, 1, 2, \ldots$ Hyperbeln mit den Brennpunkten $F_1$ und $F_2$.

1/2 Beide haben eine bestimmte Geschwindigkeit und einen eng begrenzten Aufenthaltsbereich.

2/1 Die an der Wand reflektierte Welle hat ihr Zentrum im Spiegelbild des Erregers.

2/2 Pupillenöffnung $D = 6$ mm ergibt $\varphi \geq \dfrac{5 \cdot 10^{-7} \text{m}}{6 \cdot 10^{-3} \text{m}} = 10^{-4} = 0{,}3'$.

In der Netzhautgrube liegen die Sehzellen so dicht, daß die Grenze des Auflösungsvermögens fast erreicht ist.

2/3 Die Abbildungsfehler können auch bei gut korrigierten Objektiven nicht völlig beseitigt werden. Sie werden durch Abblenden vermindert.

2/4 Ist der Spalt zu den beiden Linien parallel, so werden sie nicht mehr getrennt gesehen.

2/5 Kürzere Wellenlänge (Blaulicht, UV-Licht), Ölimmersion (das Öl zwischen Objekt und Objektiv verkleinert die Wellenlänge auf $\dfrac{\lambda_0}{n}$).

3/1 a), b) und c) sind nur mit dem Quantenmodell verständlich, d) ist mit beiden Modellen verständlich, e) wird mit dem Wellenmodell erklärt.

3/2 Vgl. Zusammenstellung S. 1.

3/3 $t_A = \dfrac{W}{DA_e} = \dfrac{1{,}6 \cdot 10^{-19}}{10^3 \cdot 2 \cdot 10^{-30} \pi} \text{s} = 2{,}5 \cdot 10^7 \text{s} \approx 300$ Tage!

**Anmerkung:** Der klassische Elektronenradius ergibt sich aus der Annahme, daß die Masse des Elektrons das Massenäquivalent der elektrischen Feldenergie ist:

$m_e \cdot c^2 = \dfrac{e^2}{2C} = \dfrac{e^2}{2 \cdot 4\pi\varepsilon_0 r}$. $\left(\dfrac{e^2}{2C}\right.$ elektrische Energie eines Kondensators; $C = 4\pi\varepsilon_0 r$ für den Kugelkondensator$\left.\right)$

3/4 1,8 bis 3,4 eV; $E = c^2 \cdot m_e = 0{,}51$ MeV.

3/5 Die Geschwindigkeitsvektoren nach dem Stoß sind aufeinander fast normal.

3/6 Es werden nur Lichtquanten bestimmter Energie ausgesandt.

3/7 Die Energie der Lichtquanten wäre um 20 Zehnerpotenzen größer, die Quantisierung der Lichtenergie wäre auch bei niederer Frequenz augenfällig; das Massenäquivalent der Lichtquanten würde meist über der Masse von Atomen liegen; der Comptoneffekt wäre eine alltägliche Erscheinung; ...

4/1  Der Ort ist völlig unbestimmt.
4/2  Abb. 6/12 links unten.
4/3  Der Meßfehler betrage bis zu 5 Einheiten der 5. Stelle; mit $v = 700 \frac{m}{s}$, $m = 50$ g ist $p = 35{,}00 \pm 5 \cdot 10^{-3}$ kg ms$^{-1}$; $\Delta x \cdot \Delta p_x = 5 \cdot 10^{-5} \cdot 5 \cdot 10^{-3}$ Js $= 2{,}5 \cdot 10^{-7}$ Js. Die Unschärferelation würde ein um 27 Zehnerpotenzen kleineres Produkt der Unschärfen zulassen.

5/1  $P = 1$ bedeutet Sicherheit, $P = 0$ bedeutet Unmöglichkeit.
5/2  $dP = \psi^2 dV = 0$ für $dV = 0$.
5/3  Innerhalb: $\psi^2 = \dfrac{dP}{dV} = \dfrac{1}{10^{-6} \text{m}^3} = 1 \cdot 10^6$ m$^{-3}$; außerhalb: $\psi^2 = 0$.

5/4  $P$ und $V$ sind stets positiv; es muß daher eine ebenfalls stets positive Größe benützt werden.

5/5  $N = \dfrac{E}{hf} = \dfrac{Pt}{hf} = \dfrac{10^{-4} \cdot 10^{-2}}{6{,}6 \cdot 10^{-34} \cdot 6 \cdot 10^{14}} = 3 \cdot 10^{12}$   Photonen sind ein extrem großes Kollektiv.

6/1  Von einer Punktlichtquelle trifft Licht auf eine planparallele Glasplatte; an ihr wird es stets teilweise reflektiert, teilweise durchsetzt es die Platte. Durch Brechung und Reflexion entstehen mehrere Bilder des linken Punktes. Konstruieren Sie sie!

6/2  Für $x = d$ gilt: $\sin k_n \cdot d = 0 \Rightarrow k_n \cdot d = n\pi \Rightarrow k_n = \dfrac{n\pi}{d}$.
Mit $\psi_0^2 = \dfrac{2}{d}$ folgt: $\psi_n^2 = \psi_0^2 \sin^2 k_n x = \dfrac{2}{d} \sin^2 \dfrac{n\pi}{d} x$.

6/3  Die Wellenlänge nimmt von der Mitte aus nach beiden Seiten zu. Nach Gl. (6/1) bedeutet das Abnahme der Bewegungsenergie, Zunahme der potentiellen Energie. Das Teilchen wird daher durch eine zum Zentrum gerichtete Kraft gehalten (ähnlich einem Federpendel, linearer Oszillator, annähernd harmonisch).

6/4  Bei relativ großer Teilchenmasse und großem Aufenthaltsraum. Die Energie erscheint dann kontinuierlich veränderlich.

6/5  $E_1 = 5{,}5 \cdot 10^{-59}$ J $= 3{,}4 \cdot 10^{-40}$ eV; $v \geq 3{,}3 \cdot 10^{-27} \dfrac{m}{s}$.

6/6  $\alpha_{1,\min} = \dfrac{\lambda}{d} = \dfrac{1{,}2 \cdot 10^{-11}}{10^{-3}} = 1{,}2 \cdot 10^{-8} = 0{,}002''$ nach Gl. (5/3).

6/7  $n = 3 \cdot 10^{28}$; $E_{n+1} - E_n = 2 E_n \cdot n^{-1} = 3 \cdot 10^{-32}$ J $= 2 \cdot 10^{-13}$ eV.

*12 Anhang: Lösungshilfen zu den Aufgaben*

6/8 Sollen Teilchen von 1 g Masse an Öffnungen von 1 cm bei Geschwindigkeiten um $1\,\frac{m}{s}$ stark gebeugt werden, so muß ihre Wellenlänge die Größenordnung der Öffnung haben:

$h = \lambda p = 10^{-2} \cdot 10^{-3} \, 1 \, \text{J s} = 10^{-5} \, \text{J s}.$

6/9 $E_{1,1,1} = 113 \, \text{eV}$; $E_{1,1,2} = 226 \, \text{eV}$; $E_{1,2,2} = 338 \, \text{eV}$; $E_{2,2,3} = 451 \, \text{eV}$.

6/10 Das Teilchen wird sehr bald entkommen, wenn seine Nullpunktsenergie den Wert der zum Entkommen nötige potentielle Energie $mgh$ hat.

$$\frac{3h^2}{8md^2} = mgd \Leftrightarrow m^2 d^3 = \frac{3h^2}{8g} \Leftrightarrow m^2 V = 1{,}6 \cdot 10^{-68} \, \text{kg}^2 \, \text{m}^3$$

z. B. $m = 10^{-30}$ kg (Elektron) $\Rightarrow V = 2 \cdot 10^{-8} \, \text{m}^3$; $d = 2{,}7$ mm.

Sehr kleine Teilchen muß man also entweder in sehr hohen Schachteln oder in gut verschlossenen kleinen Schachteln aufbewahren!

7/1 Punkte auf verschiedenen Seiten eines Knotens schwingen gegenphasig. Das widerspricht der hier vorliegenden Symmetrie.

7/2 $f_{2,3} = 4{,}57 \cdot 10^{14}$ Hz, $f_{2,4} = 6{,}17 \cdot 10^{14}$ Hz, $f_{2,5} = 6{,}90 \cdot 10^{14}$ Hz, ...
$\lambda_{2,3} = 6{,}56 \cdot 10^{-7}$ m, $\lambda_{2,4} = 4{,}86 \cdot 10^{-7}$ m, $\lambda_{2,5} = 4{,}34 \cdot 10^{-7}$ m,...

7/3 Fast alle Atome befinden sich im Grundzustand; die zur Anregung erforderliche Mindestenergie von 10,3 eV wird von Photonen im sichtbaren Spektralbereich nicht erreicht, daher erfolgt keine Absorption sichtbaren Lichtes.

7/4 Aus Gl. (7/3) folgt für $r = 0{,}9 \cdot r_1$: $E = -2{,}35 \cdot 10^{-18}$ J $= -13{,}43$ eV. Pro Atom ist daher eine Energie $E_1 = 0{,}17$ eV $= 2{,}7 \cdot 10^{-20}$ J nötig. Um das Volumen dicht gepackter Atome um $\Delta V = V \cdot 0{,}3$ zu verkleinern, ist bei einem mittleren Druck $p$ eine Arbeit $W$ nötig:

$$W = p \Delta V \Rightarrow p = \frac{W}{\Delta V} = \frac{N \cdot E_1}{N \cdot \frac{4}{3} r_1^3 \pi \cdot 0{,}3} = 1{,}5 \cdot 10^{11} \, \frac{\text{N}}{\text{m}^2} = 1{,}5 \cdot 10^6 \, \text{bar}.$$

Die zur Kompression nötige Energie steckt in der erhöhten Nullpunktsenergie. Diese sehr grobe Abschätzung zeigt uns, mit welcher Vehemenz sich Atome einer Veränderung ihrer Größe widersetzen und welchem Druck Atome standhalten können.

7/5 $W = Es \geq 13{,}6$ eV $\Rightarrow s \geq \dfrac{13{,}6}{5000}$ m $= 2{,}7$ mm

Weil das Elektron nicht aus dem Ruhezustand beschleunigt werden muß, genügen tatsächlich oft schon etwas kleinere freie Weglängen.

7/6 Die Grundschwingung entspricht dem $1s$-Zustand; die erste Oberschwingung entspricht dem $2p$-Zustand; die zweite Oberschwingung entspricht dem $2s$-Zustand.

7/7 Der Atomkern und die voll besetzten Schalen wirken im Außenraum wie eine punktförmige Elementarladung, also wie der Wasserstoffkern. An dieses positive Cor ist stets ein Elektron gebunden.

7/8 a) Wir dürfen mit guter Näherung annehmen, daß die 1s-Elektronen nur der Wirkung der Kernladung unterliegen. In Gl. (7/1) und den folgenden Gleichungen (7/3), (7/4) und (7/5) ist dann statt $e^2$ (Kernladung·Elektronenladung) $Ze^2$ zu setzen. Mit $Z = 11$ folgt daher aus Gl. (7/5) $E_1 = -13,6 Z^2$ eV $= -1660$ eV.

b) Abtrennung ist durch Röntgenstrahlung möglich. Der leere Platz in der K-Schale wird dann durch Elektronen aus höheren Energieniveaus ausgefüllt. Das führt zur Emission einer für das Atom charakteristischen Röntgenstrahlung.

c) Es muß mindestens in den 3s-Zustand gehoben werden, weil keine Zustände tieferer Energie unbesetzt sind.

8/1 Erklärung wie beim $H_2^+$-Ion!

8/2 a) Beide im 1s-Zustand.

b) Zur Abtrennung beider Elektronen ist eine Energie von 0,76 eV + 13,6 eV = 14,36 eV nötig. Beide Elektronen befinden sich daher auf einem Energieniveau $E_1 = -7,18$ eV.

c) Nach Gl. (7/4) ist $r_1$ zur Kernladung $e$ umgekehrt proportional. Wir erwarten daher den doppelten Radius des He-Atoms.

8/3 a) $H_2 \to H + H - 4,5$ eV $\to H + p + e^- - 13,6$ eV $- 4,5$ eV $\to H_2^+ + e^- +$
$+ (2,6 - 13,6 - 4,5)$ eV.
$hf = 15,5$ eV $\Rightarrow f = 3,75 \cdot 10^{15}$ Hz (UV, kurzwellig).

b) $hf = 4,5$ eV $\Rightarrow f = 1,09 \cdot 10^{15}$ Hz (UV, langwellig).

8/4 Die Bindung entsteht durch Überlagerung des 1s-Orbitals des H-Atoms mit dem 2s-Orbital des Li-Atoms. Es besteht aber jetzt keine Symmetrie, die Bindung der beiden Valenzelektronen an den Kern des H-Atoms ist fester als die Bindung an das Cor des Li-Atoms. Der Übergang des Elektrons vom Li-Atom zum H-Atom erfolgt daher viel leichter als umgekehrt. Alle zweiatomigen Moleküle mit ungleichen Partnern haben ein mehr oder weniger großes Dipolmoment. In LiH ist das H-Atom negativ.

8/5 Vektorielle Addition bedeutet, daß man Verschiebungen und Geschwindigkeiten so addiert, als ob sie nacheinander erfolgten, wobei eine gegenseitige Beeinflussung ausgeschlossen ist. Das Unabhängigkeitsprinzip der Bewegungen erlaubt das.

8/6 $H_2S$ (92°, $Z = 16$ für S), $H_2Se$ (90°, $Z = 34$ für Se); je größer $Z$ ist, desto größer wird der Abstand zwischen den H-Atomen, desto geringer ist ihre Abstoßung.

8/7 Vgl. 8.5!

9/2 a) Grundschwingung, 1. und 2. Oberschwingung.

b) Die Saite besteht nur aus endlich vielen Teilchen.

9/3  Verunreinigungen führen wie im Halbleiter zur Entstehung von Leitungselektronen oder Defektelektronen und zum Auftreten neuer Energieniveaus innerhalb der Energielücke.

9/4  Verunreinigungen in viel geringerem Ausmaß als bei den als „chemisch rein" bezeichneten Stoffen beeinflussen die Eigenschaften des Halbleiters entscheidend. Zur Herstellung „reiner" Halbleiter mußten spezielle Reinigungsverfahren entwickelt werden.

9/5  a) Die Elektronen sind im Wasserstoffatom viel fester gebunden als die Valenzelektronen in Na und Li.
b) Durch starke Verminderung des Abstandes zwischen den Wasserstoffkernen werden die Energieberge zwischen den Kernen stark erniedrigt und damit ein fast ungehinderter Übergang der Elektronen von einem Atom zum anderen ermöglicht. Das kann durch extrem hohen Druck erzwungen werden.

9/6  a) $n_0 = 2{,}65 \cdot 10^{25}\,\text{m}^{-3}$.
b) Pro Atomvolumen existiert 1 freies Elektron; z. B. Na:
$$r = 2 \cdot 10^{-10}\,\text{m nach Abb. 7/9}, \quad n = \frac{1}{V} = \frac{3}{4\pi r^3} = 3 \cdot 10^{28}\,\text{m}^{-3}.$$

9/7  Von der Temperatur wird nur ein extrem kleiner Teil der Elektronen beeinflußt.

9/8  In diesem quadratischen Schema muß jedem Ion in einer der Gitterebenen ein entgegengesetzt geladenes Ion in der Nachbarebene gegenüberstehen, weil sich nur so ein Zustand kleinster Energie ergibt.
Zwischen den benachbarten Ionen erfolgt daher starke elektrostatische Anziehung. Verschiebung einer Gitterebene um den Abstand zweier Gitterbausteine erfordert viel Arbeit (warum?) und bringt Ionen gleicher Ladung in „Opposition". Der Kristall zerspringt durch deren elektrische Abstoßung. Beim Metallgitter ändert sich durch diese Verschiebung nichts, es wird ein dem Ausgangszustand gleichwertiger Zustand erreicht.

9/9  $\bar{E}_T = \dfrac{3kT}{2} = 5{,}7 \cdot 10^{-21}\,\text{J} = 3{,}5 \cdot 10^{-2}\,\text{eV}$ (für alle Gase!)
$\bar{E}_F = 8{,}5 \cdot 10^{-25}\,\text{J} = 5{,}3 \cdot 10^{-6}\,\text{eV} \Rightarrow p_F = 15\,\dfrac{\text{N}}{\text{m}^2} = 0{,}15\,\text{mbar}.$

Dieser Wert ist für Wasserstoffgas ($H_2$) am größten, für alle anderen Gase ist er noch wesentlich kleiner.

9/10 a) Mit $n = 3 \cdot 10^{28}\,\text{m}^{-3}$ folgt: $E_F = 6 \cdot 10^{-19}\,\text{J} = 3{,}5\,\text{eV}$.
b) $\lambda = \dfrac{h}{\sqrt{2mE_k}} \geq \dfrac{h}{\sqrt{2mE_F}} = 7 \cdot 10^{-10}\,\text{m}.$

# NAMEN- UND SACHVERZEICHNIS

Absorption 63
angeregte Zustände 76
antibindender Zustand 105
antisymmetrisch 118
Atombindung 99
Atommodelle 76ff
Auflösungsvermögen 8
Aufspaltung des Energieniveaus 106, 120
Ausschließungsprinzip 90, 94, 159
Austrittsarbeit 15
Avogadrokonstante 1

Bändermodell 121
Beugung am Doppelspalt 6
Beugung eines Elektronenstrahles 41
– von Röntgenstrahlen 41
Bindung 96ff
–, homöopolare 104
–, kovalente 99
–, metallische 135
BOHR, NIELS 77
Bohrsches Atommodell 77
Boltzmannkonstante 1, 32, 124
Braggreflexion 132

Comptoneffekt 20
Comptonwellenlänge des Elektrons 24

DE BROGLIE, LUIS 39, 47
de Broglie-Wellenlänge 40
Donatoren 127
Dunkelfeldbeobachtung 10

Effekt, glühelektrischer 141
–, photoelektrischer 15
Eigenleitvermögen 127
EINSTEIN, ALBERT 20, 47
elektrischer Widerstand 134
Elektron 1, 89
Elektronengas 134f, 139
Elektronen im Kristall 127
Elektronenloch 127
Elektronenmangelleitung 127
Elektronenmikroskop 55

Elektronenspin 89
Elektronenüberschußleitung 127
Elementarladung, elektrische 1
Emission 63
Energieband 123
Energieeigenwerte 62
Energielücke 124
Energieniveauschema 62
–, des H-Atoms 74
Entartung 145
–, des Elektronengases 149
Entartungsgrad 71

Feldionenmikroskop 58
Fermienergie 137
Fermigrenze 137
Festkörper 116
Frequenzspektrum 63
FRESNEL, AUGUSTIN 7

Gas, ideales 139
Gasentartung 143, 145
gebundene Teilchen 59
gekoppelte Schwingungen 116
glühelektrischer Effekt 141
Grundschwingung 61
Grundzustand 75, 78

$H_2$-Molekül 104
Halbleiter 125
Häufigkeit 45
HEISENBERG, WERNER 46f
Heisenbergsche Unschärferelation 27ff, 66
Hybridorbitale 111

Impulseigenwerte 62
Interferenz 2f, 104f, 106
Ionenbindung 96
Ionisierungsenergie 75, 92
Isolator, elektrischer 124

Kernfusion 148
Kernkraft 155
Kopplungsterm 105
Korpuskelmodell des Lichtes 15
Kristallbau 121

LAPLACE, P. S.   28
LAUE VON, MAX   54
Leitfähigkeit der Metalle   141
Leitungsband   126
Leitungselektronen   126, 134
Leitvermögen   134
Lichtquanten   16, 23
Linienspektrum   64
Lymanserie   75

Massenäquivalent des Photons   24
Massendefekt   156
Mechanik, klassische   27, 37, 65, 70
Mikroskop   12
Molekularkräfte   107

n-Leiter   127
Nullpunktsenergie   32, 62, 71

Oberschwingungen   61

PAULI, WOLFGANG   94
Pauliverbot   90, 94
photoelektrischer Effekt   15
Photonen   16, 30
Photowiderstand   127
PLANCK, MAX   19
Plancksches Wirkungsquantum   19
p-Leiter   127
p-Zustand   81, 88

Quantenmechanik   38f, 65, 70
Quantenzahl   62

Radien der Atome   91
radioaktiver Zerfall   145
RUTHERFORD, E.   76, 154
Rutherfordsches Atommodell   76
Rydbergfrequenz   86

Schalenaufbau der Atomhülle   92f
SCHRÖDINGER, ERWIN   46f
Schwankungen, statistische   45
Schwingungen, gekoppelte   116
Spin   89
Standardabweichung   31
Steckkontakte   153
Sternentartung   147

Strahlenoptik   69
Streuung der Elektronen   132
Streuung von Teilchen   110
Strukturuntersuchung   52
Superpositionsprinzip   109, 159
symmetrisch   118
s-Zustand   81

Teilchen, freie   48
–, gebundene   59
–, makroskopische   70
–, Streuung von   110
Teilchendichte   42
Tunneleffekt   101, 151

Unschärferelation   27 ff, 66

Vakuumlichtgeschwindigkeit   1
Valenzband   123
Valenzelektronen   111
Valenzwinkel   115

Wahrscheinlichkeit   45
Wahrscheinlichkeitsamplitude   102
Wahrscheinlichkeitsdichte   41, 46
Wahrscheinlichkeitswellen   46
Wassermolekül   107
Wasserstoffatom   74
Wechselwirkung, starke   155
Welle-Teilchen-Dualismus   25
Wellen, stehende   61
Wellenoptik   69
Wellenpaket   49
Wertigkeit   111
Winkelauflösung   13
Wirkung   19

YOUNG, THOMAS   7

Zerfall, radioaktiver   145
Zustand, angeregter   76
–, antibindender   105
–, stationärer   61 f, 82 f
Zustandsgleichung des idealen Gases   139
–, des entarteten Gases   144